园艺植物与菌类原色图鉴

园林树木
彩色图鉴

U0219179

王庆菊　主　编

中国农业大学出版社
·北京·

内容提要

本书将园林树种按照生长特性及园林功能等进行综合分类，各类树种按拼音排序，详尽地介绍了 155 个园林树种的科属、别名、形态特征、产地与习性以及园林应用。每个树种都配有作者多年搜集整理的植株树冠或局部各器官特写图片，力求全方位展现树种的本真形态和细节特征。本书可供园林树木生产经营者、业余爱好者、园林专业师生以及相关科研工作者进行树种鉴别和欣赏。

图书在版编目（CIP）数据

园林树木彩色图鉴 / 王庆菊主编 . –– 北京：中国农业大学出版社，2022.7

ISBN 978-7-5655-2829-3

Ⅰ . ①园… Ⅱ . ① 王… Ⅲ . ①园林树木—图谱 Ⅳ . ① S68-64

中国版本图书馆 CIP 数据核字（2022）第 130616 号

书　　　名	园林树木彩色图鉴		
作　　　者	王庆菊　主编		
策划编辑	林孝栋　康昊婷	责任编辑	康昊婷
封面设计	郑　川		
出版发行	中国农业大学出版社		
社　　　址	北京市海淀区圆明园西路 2 号	邮政编码	100193
电　　　话	发行部 010-62731190,3489	读者服务部	010-62732336
	编辑部 010-62732617,2618	出 版 部	010-62733440
网　　　址	http://www.caupress.cn	E-mail	cbsszs@cau.edu.cn
经　　　销	新华书店		
印　　　刷	涿州市星河印刷有限公司		
版　　　次	2022 年 7 月第 1 版　2022 年 7 月第 1 次印刷		
规　　　格	148 mm×210 mm　　32 开本　　8 印张　　240 千字		
定　　　价	49.00 元		

图书如有质量问题本社发行部负责调换

编写人员

主　编　王庆菊

副主编　陈光宇　于桂芬　赵明珠

参　编　董　璐　贾大新　柳玉晶　那伟民

　　　　张婧莹　张咏新　周　际

前 言 PREFACE

园林是在一定的地域内，运用工程技术和艺术手段，通过改造地形、营造建筑、布置园路和种植园林植物等创作而成的优美自然的风景和游憩环境。园林绿化能否达到美观、经济、实用的效果，在很大程度上取决于对园林植物的选择与配置，其中园林树木是构成园林景观和发挥绿化功能的主要植物材料，园林中没有园林树木就不能称其为真正的园林。

园林树木种类繁多，各具特异的形态、色彩、芳香，随四季呈现出特异的韵律和美景，并与建筑、山石、雕塑、溪瀑等相互烘托，呈现出千姿百态的迷人景致，令人心旷神怡。

由于现代都市高度密集的人类活动，激增的建筑和道路等人工构筑物，造成生态环境的不平衡，形成了城市热岛效应、干岛效应或风岛效应等特殊的环境。园林树木具有改善空气质量、涵养水源、保持水土、防风固沙、降低噪声、提高空气湿度、调节气温和隔离防护等生态功能，可以有效地缓解城市恶劣的生态环境，在建设宜居城市中起着不可忽视的作用。

在党的十八大"绿色生态、低碳生活、美丽中国"的号召下，我国加快了发展园林城市和城镇化建设的进程，让城市园林融入了每个人的生活中，也促进了园林植物新品种的培育和引种，城市绿化植物种类越来越丰富，人们对这些丰富多彩的园林植物充满了好奇和求知。因此，普及园林植物种类识别和应用知识是科普工作者的社会责任和义务。

本书将园林树种按照生长特性及园林功能等进行综合分类，各类树种按拼音排序，详尽地介绍了155个园林树种的科属、别名、形态特征、产地与习性以及园林应用。每个树种都配有作者多年搜集整理的植株树冠或局部各器官特写图片，力求全方位展现树种的本真形态和细节特征。本书可供园林树木生产经营者、业余爱好者、园林专业师生以及相关科研工作者进行树种鉴别和欣赏。

本书编写和整理过程，得到了同事、同学、朋友和家人等多方的支持和帮助，在此一并表示感谢。由于编者水平有限，书中难免存在缺点和错误，恳请广大读者批评指正。

编　者

2022 年 3 月

目 录

CONTENTS

第 1 部分　行道树

第 2 部分　独赏树

第1部分　行道树

行道树是指为了美化、遮阳和防护等，沿道路两旁栽植的树木。道路系统是现代社会建设中的基础设施，而行道树的选择应用，在完善道路服务体系、提高道路服务质量方面，有着积极、主动的环境生态作用，有补充氧气、净化空气、调节局部气候、降低噪声、提高行车安全、美化乡镇市容、陶冶性情、增进身心健康和庇荫行人等功能。在有条件的城市，可以采用一街一树，构成一街一景的城市风格，这样更能体现大自然的季节变化，既能美化城市道路，又能起到城市交通向导的作用。

理想的行道树树种选择标准，应该是干性强、树冠大、分枝点足够高、发芽早、落叶迟而集中、花果不污染街道、适应性强、树皮不怕强光曝晒、不易发生根蘖、病虫害少、寿命长、根系深等特点。

1. 白蜡树
Fraxinus chinensis Roxb.

木犀科，梣属（白蜡树属）。

别名　白蜡杆、青榔木、
白荆树等。

形态特征 落叶乔木，树冠卵圆形，树皮黄褐色。小枝光滑无毛。奇数羽状复叶对生，小叶 5～9 枚，通常 7 枚，卵圆形或卵状披针形，长 3～10 cm，先端渐尖，基部狭，不对称，缘有齿及波状齿，表面无毛，背面沿脉有短柔毛。圆锥花序侧生或顶生于当年生枝上，花萼钟状，无花瓣；翅果倒披针形。花期 4—5 月份，果 9 月份成熟。

产地与习性 我国北至东北中南部，南至广东，西至甘肃均有分布。喜光，稍耐阴，喜湿耐涝，对土壤要求不严，抗烟尘，对二氧化硫、氯气有较强抗性。萌蘖力强，耐修剪，生长快，寿命长。

园林应用 树干通直，树形端庄，枝叶繁茂，秋叶橙黄，是优良的行道树、孤植树和庭荫树。

树冠

树干　　新梢

果实及其着生状态

2. 车梁木
Cornus walteri Wangerin.

山茱萸科，山茱萸属。

别名　毛棶木。

枝叶

形态特征 落叶乔木。单叶对生，椭圆形，叶全缘，叶端渐尖，基部广楔形，侧脉 4～5 对。伞房状聚伞花序顶生，花小，白色，有香气，花期 5 月份。果球形，黑色，9—10 月份成熟。

产地与习性 分布于黄河流域及附近地区。喜光，耐旱，耐寒。在自然界常散生于向阳山坡及岩石缝间。

园林应用 车梁木枝叶茂密，白花可观赏，在公园中可栽作行道树。

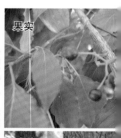

树冠

果实

树干

3. 臭椿

Ailanthus altissima (Mill.) Swingle

苦木科，臭椿属。

别名　椿树、木砻树。

形态特征　落叶乔木，树冠呈扁球形或伞形。树皮灰白色或灰黑色，平滑，稍有浅裂纹。枝条粗壮，髓心海绵质，淡褐色。奇数羽状复叶互生，小叶近基部具少数粗齿，卵状披针形，叶总柄基部膨大，齿端有一腺点，有臭味。雌雄同株或雌雄异株。圆锥花序顶生，花小，杂性，白绿色。种子位于翅果中央。

产地与习性　我国东北南部、华北、西北至长江流域各地均有分布。喜光，适应性强，对烟尘与二氧化硫的抗性较强，能耐干旱及盐碱，不耐水湿，喜排水良好的沙壤土。

园林应用　臭椿树干通直而高大，树冠圆整如半球状，颇为壮观，叶大荫浓，秋季红果满树，虽叶及花微臭，但并不严重，仍是一种很好的观赏树、庭荫树和行道树。欧洲称为天堂树。

树冠

果实

一年生枝

花序

树冠冬态

4. 旱柳
Salix matsudana Koidz.

杨柳科，柳属。
别名　柳树、河柳、江柳、
立柳、直柳。

形态特征 落叶乔木，树冠倒卵形，大枝斜展，枝细长，直立或斜展，嫩枝有毛后脱落，淡黄色或绿色。叶披针形或条状披针形，先端渐长尖，基部窄圆或楔形，细锯齿。花期 4 月份，果熟期 4—5 月份。

产地与习性 我国分布甚广，东北、华北、西北及长江流域各地均有分布，黄河流域为中心，是我国北方地区最常见的树种。喜光，不耐阴，喜水湿，耐干旱，对土壤要求不严。

园林应用 柳树枝叶柔软嫩绿，树冠丰满多姿，给人以亲切优美之感。为重要的园林和绿化树种，但由于柳絮繁多、飘扬时间长，故以种植雄株为宜。

盛夏树冠

枝叶

春季树冠

树干

5. 垂柳

Salix babylonica **L.**

杨柳科，柳属。

别名　垂枝柳、倒挂柳。

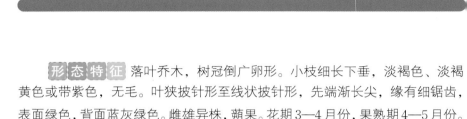

形态特征　落叶乔木，树冠倒广卵形。小枝细长下垂，淡褐色、淡褐黄色或带紫色，无毛。叶狭披针形至线状披针形，先端渐长尖，缘有细锯齿，表面绿色，背面蓝灰绿色。雌雄异株，蒴果。花期3—4月份，果熟期4—5月份。

产地与习性　全国各地均有分布或栽培，是平原水边常见树种。喜光，较耐寒，特耐水湿，喜温暖湿润气候及潮湿深厚的酸性及中性土壤。

园林应用　垂柳枝条细长，柔软下垂，随风飘，姿态优美潇洒，植于河岸及湖池边最为理想，柔条依依拂水，别有风致，可作行道树、庭荫树、固岸护堤树及平原造林树种。

变种　美国变色龙柳，近期从美国引进，夏季长长的枝条垂地，秋季叶片鹅黄，冬季树干由绿色变金黄，嫩枝由绛红逐步变为鲜红，很是艳丽。

宅旁庭荫树

冬态

水边配置

园景树

行道树

花序

树冠（美国变色龙柳）

枝叶

树冠

冬态

6. 鹅掌楸
Liriodendron chinense (Hemsl.) Sarg.

木兰科，鹅掌楸属。

别名　马褂木。

形态特征 落叶乔木，树冠圆锥形。叶互生，形如马褂，叶片的顶部平截，犹如马褂的下摆；叶片的两侧平滑或略微弯曲，好像马褂的两腰；叶片的两侧端向外突出，仿佛是马褂伸出的两只袖子。花黄绿色，聚合果，翅状小坚果。花期 5—6 月份，果熟期 10 月份。

产地与习性 产于长江流域。鹅掌楸为古老的子遗植物，第四纪冰期后仅残存鹅掌楸和北美鹅掌楸两种，我国园林中栽培的多为鹅掌楸和杂交鹅掌楸。喜光，喜温和湿润气候，有一定的耐寒性，可经受 −15 ℃低温。喜深厚肥沃、适湿而排水良好的酸性或微酸性土壤，忌低湿水涝。

园林应用 树形端正，叶形奇特，是优美的庭荫树和行道树，花淡黄绿色，美而不艳，最宜植于园林中的安静休息区的草坪上，秋叶呈黄色，很美丽，可独植或群植。

花

叶

树干

树冠

行道树

7. 枫杨
Pterocarya stenoptera C. DC.

胡桃科，枫杨属。

别名　麻柳、蜈蚣柳。

形态特征 落叶乔木，树皮老时深纵裂。裸芽，叶多为偶数或稀奇数羽状复叶互生，小叶 10～16 枚，无小叶柄，对生或稀近对生，长椭圆形或长椭圆状披针形，顶端常钝圆或稀急尖，基部歪斜，上方为侧楔形至阔楔形，下方为侧圆形，边缘有向内弯的细锯齿，上面被有细小的浅色疣状凸起，叶轴有翼。坚果具两翅。花期 4—5 月份，果熟期 8—9 月份。

产地与习性 广布于我国华北、华中、华南和西南各省，在长江流域和淮河流域最为常见。喜光，喜温暖湿润气候，也较耐寒，叶面耐湿性强，不宜长期积水，对土壤要求不严。

园林应用 枫杨树冠宽广，枝叶茂密，生长快，适应性强，在江淮流域多作为庭荫树或行道树。又因枫杨根系发达、较耐水湿，常作固岸护堤及防风林树种。

行道树　　复叶

冬芽

冬态

古树中空的树干

水边倾斜的树冠

8. 国槐
Styphnolobium japonicum (L.) Schott.

豆科，槐属。

别名 槐树、家槐。

形态特征 落叶乔木，树皮纵裂；小枝绿色，皮孔明显。奇数羽状复叶互生，小叶卵状披针形，叶端尖，叶背有白粉及柔毛。圆锥花序顶生，花冠浅黄绿色。荚果串珠状，熟后不开裂，经冬不落。花期 6—8 月份，果期 9—10 月份。

产地与习性 原产于我国北部。现北自辽宁，南至广东，东自山东，西至甘肃均有分布。喜光，略耐阴，喜干冷气候，喜深厚、排水良好的沙质土壤。生长速度中等，根系发达，为深根性树种，萌芽力强，寿命极长。

园林应用 国槐树冠宽广，枝叶繁茂，寿命长而又耐城市环境，是良好的行道树和庭荫树，也是夏季重要的蜜源植物。

果实

花序

树冠

树冠秋态

树冠冬态

变型与变种 **龙爪槐** (f. *pendula* Hort.)，树冠如伞，状态优美，枝和小枝均下垂，并向不同方向弯曲盘旋，形似龙爪。

树冠　冬态

行道树

树冠

枝叶与花序

蝴蝶槐 (f.*oligophylla*)，小叶3～5簇生，顶生小叶常3裂，侧生小叶下部常有大裂片，叶背有毛。

金叶国槐 (cv. 'Golden Leaf')，新叶金黄，老叶呈淡绿色。

金枝国槐 (cv.'Golden Stem')，发芽早，幼芽及嫩叶淡黄色，每年11月份至翌年5月份，其枝干为金黄色。

树冠

冬态

冬枝

9. 火焰木

Spathodea campanulata Beauv.

紫葳科,火焰树属。

别名 **火焰树、苞萼木。**

形态特征 常绿乔木,树干通直,灰白色,易分枝。奇数羽状复叶对生,小叶 13~17 枚,全缘,小叶具短柄,卵状披针形或长椭圆形。圆锥或总状花序,顶生,花萼佛焰苞状,花冠钟形,一侧膨大,红色或橙红色,中心黄色,有纵褶。花期 4—8 月份,果为蒴果,长椭圆状披针形,近木质,种子具膜质翅。

产地与习性 原产于热带非洲,现东南亚、夏威夷等地栽培普遍,我国台湾地区栽培较多,华南地区有少量引种。喜光照、耐热、耐旱、耐湿、耐瘠,枝脆不耐风,易移植。栽培以肥沃和排水良好的土壤或沙质土壤为宜。

园林应用 树形十分优美,整株成塔形或伞形,叶形优雅,四季葱翠美观,花色艳丽,花量丰富,适宜作行道树、庭院树等。

开花状态

花序

枝叶

10. 金丝柳

Salix × aureo-pendula CL.

杨柳科，柳属。

别名　金丝垂柳、金枝白柳、金枝垂白柳、黄金柳。

形态特征 落叶乔木，树形高大，树冠呈圆形。枝条悬垂，呈金黄色。叶片狭小，呈亮绿色。

产地与习性 喜光，适应性强，喜温暖湿润气候，喜潮湿土壤。金丝柳生长迅速，是速生树种。

园林应用 金丝柳是通过垂柳与黄枝白柳杂交（*Salix babylonica*×*Salba* f. *vitellina*）选育出的人工杂种，因枝条呈金黄色而得名，由于金丝柳全部为雄树，春季无飞絮，洁净卫生，没有环境污染，是近年颇受业界欢迎的新型园林观赏树种，适合种植于道河岸、池边、湖畔、路旁、庭院等处，也可作为行道树和湖泊固堤树种。

早春的树冠

叶

树冠

萌芽

丛植树

11. 糠椴
Tilia mandschurica Rupr. er Maxim.

椴树科，椴树属。

别名　大叶椴、辽椴、菩提树。

形态特征 落叶乔木，树冠广卵形，树皮暗灰色，有浅纵裂，当年生枝黄绿色，密生灰白色星状毛。单叶互生，广卵形，基部歪心形，叶缘锯齿粗而有突出尖头，表面有光泽，背面密生灰色星状毛。聚伞花序下垂，有苞片与花柄下部相连。核果球形，密被黄褐色星状毛。

产地与习性 产于东北、内蒙古、河北、山东等地。喜光，也相当耐阴，耐寒性强，喜冷凉气候及深厚、肥沃而湿润的土壤。

园林应用 树冠整齐，枝叶茂密，遮阴效果好，花黄色而芳香，是北方优良的庭荫树及行道树。

树冠

树干

果实

枝叶

12. 喜树
Camptotheca acuminata Decne.

蓝果树科，喜树属。

别名　旱莲、水栗、水桐树、天梓树、旱莲木、千丈树、野芭蕉、水漠子。

形态特征 落叶乔木，树皮灰色或浅灰色，纵裂成浅沟状，小枝圆柱形，平展。单叶互生，纸质，矩圆状卵形或矩圆状椭圆形，顶端短锐尖，基部近圆形或阔楔形，全缘。头状花序近球形，常由2～9个头状花序组成圆锥花序，顶生或腋生，通常上部为雌花序，下部为雄花序，花瓣淡绿色，早落。翅果矩圆形，着生成近球形的头状果序。花期5—7月份，果期9月份。

果序

叶及蕾期的花序

产地与习性 我国特有，分布于长江以南、海拔1 000 m以下的林边和溪边。

园林应用 树干挺直，生长迅速，可作为庭荫树及行道树。

树冠

结果状态

树干

13. 栾树

Koelreuteria paniculata Laxm.

无患子科，栾树属。

别名　大夫树、灯笼树。

形态特征　落叶乔木，树冠近球形，树皮灰褐色，细纵裂。奇数羽状复叶互生，有时呈不完全的 2 回羽状复叶，小叶7～15 枚，卵形或卵状椭圆形，缘有不规则粗齿。圆锥花序，花黄色。蒴果三角状卵形，成熟时红褐色或橘红色。花期 6—7 月份，果期 7—9 月份。

产地与习性　产于我国北部及中部，以华北最为常见。喜光，耐半阴，耐寒，耐干旱、瘠薄，喜生于石灰质土壤，也能耐盐渍及短期水涝。

园林应用　树形端正，枝叶茂密而美丽，春季嫩叶多为红色，入秋叶色变黄，夏季开花，满树金黄，十分美丽，是理想的绿化树种，宜作庭荫树、行道树及独赏树。

观果期树冠

花序

列植树　花序

果实　新梢

行道树　庭荫树

14. 银杏

Ginkgo biloba L.

银杏科，银杏属。

别名　白果、公孙树、鸭脚子、鸭掌树。

形态特征 落叶乔木，树冠广卵形，幼树树皮近平滑，浅灰色，大树树皮灰褐色，不规则纵裂。叶片在长枝上为单叶互生，在短枝上簇生，短枝密被叶痕。叶片多呈扇形，有二叉状叶脉，顶端常2裂，有长柄。雌雄异株，雄球花柔荑花序下垂，雌球花有长柄，顶端有珠座，上有直生胚珠。无花被，风媒花。花期4—5月份。种子核果状，近球形。外种皮肉质，被白粉，成熟时淡黄色或橙黄色，中种皮白色，骨质，内种皮膜质。

产地与习性 银杏为中生代子遗的稀有树种，系我国特产，仅浙江天目山有野生，中国北自东北沈阳，南达广州，东起华东海拔40～1 000 m地带，西南至贵州、云南西部（腾冲）海拔2 000 m以下地带均有栽培，朝鲜、日本、欧洲、美国等地均有栽培。阳性树，深根性，寿命长，我国有3 000年以上的古树。雌株一般20年左右开始结实，500年生的大树仍能正常结实。喜适当湿润而又排水良好的深厚沙壤土，不耐积水，较耐旱，耐寒。

园林应用 银杏树姿雄伟壮丽，叶形秀美，寿命长，又少病虫害，最适作行道树、庭荫树或独赏树。

行道树

树冠秋态

种子（俗称白果）

雄花序和新叶

具有肉质外种皮的种子

短枝顶芽

银杏古树

15. 洋白蜡

Fraxinus pennsylvanica Marsh.

木犀科，梣属（白蜡树属）。

别名　美国红梣、毛白蜡。

雄花序着生状态

形态特征 落叶乔木，树皮灰黑色，树冠圆锥形，小枝有毛或无毛。奇数羽状复叶对生，小叶 5~9 枚，卵状长椭圆形至披针形，先端渐尖或急尖，基部阔楔形，叶缘具不明显钝锯齿或近全缘。圆锥花序腋生于二年生枝，花密集，雄花与两性花异株，与叶同时开放；有花萼，无花瓣。翅果狭倒披针形。花期 4 月份，果期 8—10 月份。

产地与习性 原产于美国东部和中部。我国可在北至黑龙江及内蒙古南部，南至云南、广西、广东等地生长。喜光，耐寒，耐低湿，耐干旱。

园林应用 树干通直，树形端庄，枝叶繁茂，秋叶橙黄，是优良的行道树、孤植树和庭荫树。

树冠

果实（洋白蜡）

叶

近缘种 金枝白蜡 *Fraxinus excelsior* L. vc. 'Jaspidea' 木犀科白蜡属欧梣的一个园艺品种。枝干金黄色，新叶和秋叶橙黄，是优良的观枝观叶树种。

枝叶

冬态（金枝白蜡）

冬芽

片林

16. 英国梧桐

Platanus acerifolia (Ait.) Willd.

悬铃木科，悬铃木属。

别名　二球悬铃木。

形态特征 落叶大乔木，树皮光滑，大片块状脱落；嫩枝密生灰黄色茸毛；老枝秃净，红褐色。叶阔卵形，基部截形或微心形，上部掌状5裂，有时7裂或3裂；中央裂片阔三角形，宽度与长度约相等；裂片全缘或有1～2个粗大锯齿；托叶基部鞘状，上部开裂。花单性，雌雄同株，头状花序，雌雄花序同形，生于不同的花枝上。果枝有头状花序1～2个，稀为3个，常下垂，头状果序宿存花柱刺状。

产地与习性 本种为美国梧桐（一球悬铃木）*P. occidentalis* L. 和法国梧桐（三球悬铃木）*P. orientalis* L. 的杂交种，1640年在英国伦敦育成，后由伦敦引种到世界各大城市，广泛栽培，用作行道树和庭园绿化树。20世纪初，法国人引种在上海法租界内，1928年，为迎接孙中山奉安大典，从上海法国租界引种南京，故人们常称其为"法国梧桐"。现东北、华中及华南均有引种。阳性树，喜温暖气候，有一定的抗寒力，对土壤的适应能力极强，能耐干旱、瘠薄。萌芽力强，生长迅速，寿命长，耐重剪。

园林应用 英国梧桐树形雄伟端正，叶大荫浓，树冠广阔，干皮光洁，繁殖容易，生长迅速，具有极强的抗烟、抗尘能力，有"行道树之王"的美称。

树冠秋态

树冠夏态

花序

球果

叶

树干

行道树

对植树

对植冬态

17. 银白杨
Populus alba L.

杨柳科，杨属。

形态特征 落叶乔木。树冠宽大，广卵形或圆球形，树皮灰白色，光滑，基部常纵裂，长枝叶广卵形至三角状卵形。叶掌状 3～5 浅裂，缘有粗齿或缺刻，裂片先端钝尖；老叶背面仍有白毛。花期 3—4 月份，果期 4—5 月份。

产地与习性 新疆有野生天然林分布，西北、华北、辽宁南部及西藏等地有栽培。喜光，不耐阴，抗寒性强，耐干旱，但不耐湿热，较耐瘠薄，深根性，根系发达，根萌蘖力强。

园林应用 银白杨的叶片和灰白色的树干与众不同，叶子在微风中飘动有特殊的闪烁效果，高大的树形及卵圆形的树冠亦颇美观。在园林中用作庭荫树、行道树，或于草坪孤植、丛植均宜。

倾斜的树冠

新梢

双色叶

树干

变种 新疆杨（var. *pyramidalis*），树冠圆柱形，树皮灰绿色，老时灰白色，平滑。与银白杨的区别主要为枝直立向上，形成圆柱形树冠。叶掌状 3～5 裂或深裂，老叶背面仍有白毛；主要分布在新疆，尤以南疆较多。喜光，耐干旱，耐盐碱，耐寒性不如银白杨。

叶

行道树

树冠

树干

18. 榆树
Ulmus pumila L.

榆科, 榆属。

别名 白榆、家榆、榆钱树、春榆、粘榔树。

形态特征 落叶乔木, 树皮暗灰色, 纵裂, 粗糙。小枝细长, 排成二列状。单叶互生, 叶卵状长椭圆形, 先端尖, 基部歪斜, 缘有不规则单锯齿, 羽状脉。早春叶前开花, 簇生于去年生老枝上。翅果近圆形, 种子位于翅果中部。

产地与习性 产于东北、华北、西北及华东等地。喜光, 耐寒, 抗旱, 能适应干凉气候, 不耐水湿, 但能耐干旱瘠薄和盐碱土。

园林应用 榆树树干通直, 树形高大, 绿荫较浓, 适应性强, 生长快, 是城乡绿化的重要树种, 作行道树、庭荫树、防护林及四旁绿化均可, 也可用作绿篱、盆景。

果实

花序

树冠秋态

树冠冬态

枝叶

　　变种　金叶榆（cv.'Jinye'），叶片金黄色，色泽艳丽，质感好；叶卵圆形，比普通白榆叶片稍短；垂枝榆（cv.'Tenue'），特点为枝梢不向上伸展，生出后转向地心生长，因而无直立主干，均高接于乔木型榆树上，枝条下垂后全株呈伞形。

造型树　　绿篱

枝叶　　翅果

树冠　　枝叶

19. 梓树
Catalpa ovata G. Don.

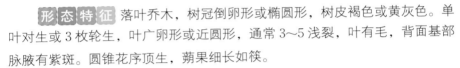

紫葳科，梓属。

别名　梓、水桐、河楸、臭梧桐、黄花楸、水桐楸、木角豆。

形 态 特 征　落叶乔木，树冠倒卵形或椭圆形，树皮褐色或黄灰色。单叶对生或 3 枚轮生，叶广卵形或近圆形，通常 3～5 浅裂，叶有毛，背面基部脉腋有紫斑。圆锥花序顶生，蒴果细长如筷。

产 地 与 习 性　东北、华北、华南等地均有，以黄河中下游为分布中心。喜光，稍耐阴，适生于温带地区，颇耐寒，喜深厚、肥沃、湿润土壤，不耐干旱、瘠薄，能耐轻盐碱土。

园 林 应 用　梓树树姿优美，叶大荫浓，宜作庭荫树和行道树，也常作宅旁绿化树。

新梢

花序

果实

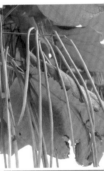

秋季树冠

冬季树冠

冬态枝

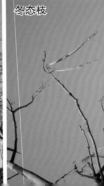

第2部分　独赏树

独赏树又称孤赏树、孤植树、标本树、赏形树或独植树，是指树木孤立种植的类型，能表现树木的形体美和个体美。可独立成为景观供人观赏的树种，也可同一品种的2~3株树合栽，形成整体树冠造型。

独赏树在一些特殊的场所如花坛、草坪绿地、广场的中心、大门的两侧、道路交叉口或坡路转角处等处点缀空间，形成景观。种植的地点要求比较开阔，要有比较适合观赏的视距和观赏点。

独赏树应具有独特的观赏价值，如雪松，树冠圆锥形、树枝平展、叶如白雪覆盖，独具特色，具有美感；灯台树，树形整齐，大侧枝呈层状生长宛如灯台，形成美丽的圆锥状树冠；鸡爪槭，叶形美观，入秋后转为鲜红色，宜植于草坪、土丘、溪边、池畔、路隅、墙边、亭廊、山石旁，赏其叶色的美丽景色等。

1. 刺楸

Kalopanax septemlobus (Thunb.) Koidz.

五加科，刺楸属。

别名 鸟不宿、钉木树、丁桐皮。

树冠

形态特征 落叶乔木，干、枝具皮刺。单叶互生，叶纸质，近圆形，掌状 5～7 裂，裂片三角状卵圆形至狭长椭圆形，先端长尖，边缘具细锯齿，基部截形至心脏形。伞形花序聚生成顶生圆锥花序，花小。核果近球形。

产地与习性 我国东北、华北、华南、西南及长江流域均有分布。多生于山地疏林中，生长快。喜光，对气候适应性较强，喜土层深厚湿润的酸性土和中性土。

园林应用 叶大干直，树形颇为壮观并富有野趣。宜植于自然风景区，在园林中孤植或作庭荫树，又是低山地区重要的造林树种。

一年生枝及枝上的刺

树干

叶片

2. 灯台树

Cornus controversa Hemsl.

山茱萸科，山茱萸属。

别名　瑞木、女儿木、六角树。

形态特征　落叶乔木，树枝层层平展，形如灯台，枝暗紫红色。单叶互生全缘，簇生于枝梢，叶先端突渐尖，基部圆形，侧脉 6～8 对，弧形。伞房状聚伞花序生于新枝顶端，白色。核果近球形，花期在 5—6 月份，果期 9—10 月份。

产地与习性　主产于长江流域及西南各省。性喜阳光，稍耐阴，喜温暖湿润气候，有一定的耐寒性，喜肥沃湿润而排水良好的土壤。

园林应用　树形整齐，大侧枝呈层状生长宛如灯台，形成美丽的圆锥状树冠。宜独植于庭园、草坪观赏，也可植为庭荫树及行道树。

果实

叶片

花序

树冠

冬态

冬芽

3. 东北红豆杉

Taxus cuspidata Sieb. et Zucc.

红豆杉科（紫杉科），

红豆杉属。

别名 **紫杉**。

形态特征 落叶乔木，树皮赤褐色，片状剥离。枝条平展或斜上直立，密生，一年生枝绿色，秋后呈淡红褐色。叶条形，排成不规则的两列，斜上伸展，约成45°角，先端突尖；主枝上的叶螺旋状排列，侧枝上的叶不规则而近于"V"字形排列。雌雄异株，种子坚果状，赤褐色，假种皮浓红色，杯形。5—6月份开花，9—10月份果熟。

产地与习性 产于吉林及辽宁东部长白山林区中。阴性树，耐寒，喜生于富含有机质的潮湿土壤上。浅根性，侧根发达，生长缓慢，寿命极长。

园林应用 东北红豆杉树形端正，是东北及华北地区的庭园树，可孤植或群植，又可作绿篱，是高纬度地区园林绿化的良好材料。

品种 矮紫杉（cv. 'Nsana'），别名矮丛紫杉、枷罗木，半球状密丛灌木。

具有红色假种皮的种子

枝叶

枝叶

树冠

树冠

4. 广玉兰

Magnolia grandiflora Linn.

木兰科，木兰属。

别名　洋玉兰、荷花玉兰。

形态特征 常绿乔木，树皮淡褐色或灰色，薄鳞片状开裂；小枝粗壮，具横隔的髓心；小枝、芽、叶下面、叶柄均密被褐色或灰褐色短茸毛。叶厚革质，椭圆形，长圆状椭圆形或倒卵状椭圆形，先端钝或短钝尖，基部楔形，叶面深绿色，有光泽。花白色，有芳香，花被片厚肉质。聚合果圆柱状长圆形或卵圆形，种子近卵圆形或卵形。花期5—6月份，果期9—10月份。

花及叶片

产地与习性 原产于美洲和我国长江流域及其以南地区，北京、兰州等地有引种。喜光，喜温湿，适宜干燥、肥沃、湿润与排水良好微酸性或中性土壤，在碱性土中种植易发生黄化，忌积水、排水不良。对烟尘及二氧化碳气体有较强抗性，病虫害少。根系深广，抗风力强。

园林应用 树姿雄伟壮丽，叶阔荫浓，花似荷花芳香馥郁，可孤植、对植、丛植、群植配置，也可作行道树供观赏，花含芳香油。

瘦西湖徐园对植

树冠

行道树

5. 厚朴

Magnolia officinalis Rehd. et Wils.

木兰科，木兰属。

别名　厚皮、重皮、赤朴、烈朴、川朴、紫油厚朴。

叶片正面　　叶片背面

形态特征 落叶乔木，树皮厚，褐色，不开裂；冬芽大，有黄褐色茸毛。叶簇生于枝端。叶倒卵状椭圆形，叶大，叶表光滑，叶背初时有毛，后有白粉，网状脉上密生柔毛，叶柄粗，托叶痕达叶柄中部以上。花顶生，白色，有芳香，萼片与花瓣一共9～12枚或更多。聚合果圆柱状。花期5月份，先叶后花。

产地与习性 分布于长江流域和陕西、甘肃南部。喜光，但能耐侧方庇荫，喜生于空气湿润、气候温暖之处，不耐严寒酷暑。喜湿润而排水良好的酸性土壤。

园林应用 厚朴叶大荫浓，可作庭荫树栽培。

亚种 凹叶厚朴［subsp. *biloba* (Rehd. et Wils.) Cheng et Law］，落叶乔木，小枝粗壮，幼时有绢毛。树皮较厚朴薄。叶先端凹缺成2钝圆浅裂是与厚朴唯一区别明显的特征，花叶同放。花期5—6月份，果期8—10月份。

花

叶片

树冠秋态

6. 华山松

Pinus armandii Franch.

松科，松属。

别名 青松、五须松。

形态特征 常绿乔木，树冠阔圆锥形，幼树树皮灰绿色，老树树皮成方块状固着树上。小枝平滑无毛。叶五针一束，柔软，边缘锯齿较红松细，树脂道多为3个，中生或背面2个边生，腹面1个中生，叶鞘早落。球果圆锥状长卵形，成熟时种鳞张开，种子脱落，种子无翅。

产地与习性 生于海拔1 000～3 000 m处，我国南北均有分布。阳性树，喜光，幼苗稍耐阴，喜温和凉爽、湿润气候，耐寒力强，喜排水良好，不耐盐碱土。

园林应用 华山松高大挺拔，针叶苍翠，冠形优美，生长迅速，是优良的庭园绿化树种，可用作园景树、庭荫树、行道树及林带树。

枝叶和芽　雄花序　树冠

球果幼果状　球果成熟状　球果成熟后脱落

7. 合欢
Albizia julibrissin Durazz.

豆科，合欢属。

别名　马缨花、绒花树。

形态特征 落叶乔木，小枝无毛。2回偶数羽状复叶互生，小叶镰刀状长圆形，两侧常不对称，中脉在一边，总叶柄下有腺体。头状花序，多数排成伞房状，花黄绿色，不显，花丝粉红色，观赏性强。荚果扁条形。花期6—7月份。果期9—10月份。

产地与习性 产于亚洲及非洲，广泛分布于我国东北南部至华南地区。适应性强，喜光，但树干皮薄怕曝晒。耐寒性略差，耐干旱、瘠薄，但不耐水涝，生长迅速，枝条开展，树冠常偏斜，分枝点较低。

园林应用 合欢树姿优美，叶形雅致，盛夏绒花满树，有色有香，能形成轻柔舒畅的气氛，可用作园景树、行道树、风景区造景树、滨水绿化树、工厂绿化树和生态保护树等，植于林缘、草坪、山坡等地。

行道树

美丽的花丝

叶片　花序伸出　花序分离

冬芽　盛花期

结果状　独赏树

8. 黄栌

Cotinus coggygria Scop.

漆树科，黄栌属。

别名 欧黄栌。

形 态 特 征 落叶小乔木或灌木。单叶互生，倒卵形，先端圆形或微凹，基部圆形或阔楔形，全缘，两面尤其叶背显著被灰色柔毛，侧脉 6～11 对，先端常叉开，叶柄长。圆锥花序顶生，花杂性，紫绿色羽毛状细长花梗宿存，核果肾形。花期 4—5 月份，果熟期 6—7 月份。

产 地 与 习 性 产于我国西南、华北和浙江等地。喜光，也耐半阴，耐干旱瘠薄和碱性土壤，具有较强的抗二氧化硫能力，喜深厚、肥沃而排水良好的沙壤土，不耐水湿。

园 林 应 用 黄栌叶片秋季变红，鲜艳夺目，初夏花有淡紫色羽毛状的花梗宿存树梢很久，可独植、列植或丛植于草坪、土丘或山坡。

树冠

果实和宿存的羽毛状花梗　　果枝

枝叶　　果序　　丛植

品种 紫叶黄栌（cv. 'Purpureus'），别名中华红栌、中国红叶树、紫叶栌等。小枝赤褐色，叶片紫色，带有紫红色反光，圆锥花序紫红色。其果形别致，果实成熟时颜色鲜红、艳丽夺目。

枝叶

观果期树冠　　树冠

9. 鸡爪槭

Acer palmatum Thunb.

槭树科，槭属。

别名　鸡爪枫、七角枫。

盆景

形 态 特 征 落叶小乔木，树冠伞形，树皮深灰色，平滑。小枝细，当年生枝淡紫绿色；多年生枝淡灰紫色或深紫。叶对生，纸质，掌状5～9裂，基部截面成心脏形。裂片先端尾状，边缘有不整齐锐齿或重锐齿，深达叶片直径的1/2或1/3；嫩叶密生柔毛，老叶平滑无毛。花紫色，杂性，伞房花序，4月份开放。翅果张开呈钝角，向上弯曲，10月份成熟。

产 地 与 习 性 长江流域各省均有分布，北至山东，南达浙江。抗寒性较强，耐酸碱，能忍受较干旱的气候条件，喜疏阴，在富含腐殖质的土壤长势好。

园 林 应 用 鸡爪槭叶形美观，入秋后转为鲜红色，为优良的观叶树种。宜丛植于草坪或植于土丘、溪边、池畔和路隅、墙边、亭廊、山石旁。

树冠

花期

新叶　成叶

果实　独赏树

品种 羽毛枫（cv. 'Dissecrum'），又名紫红叶鸡爪。新枝紫红色，成熟枝暗红色。早春发芽时，嫩叶艳红，密生白色软毛，叶片舒展后渐脱落，叶色亦由艳丽转淡紫色甚至泛暗绿色。

枝叶

树冠

10. 金钱松

Pseudolarix amabilis (Nelson) Rehd.

松科，金钱松属。

别名　金松。

枝叶

形态特征 落叶乔木。树干端直，树枝有长枝和短枝，叶在长枝上互生，在短枝上轮状簇生，长短不齐。叶条形较宽，柔软。球果卵形，当年成熟，浅红褐色；种鳞木质，熟时脱落。

产地与习性 产于长江中下游地区。喜光，幼时稍耐阴，喜温凉湿润气候和中性或微酸性土壤，能耐 −20 ℃的低温，抗风力强，不耐干旱、积水，生长速度中等偏快。

园林应用 金钱松为世界五大公园树之一，体形高大，树干端直，入秋叶变为金黄色，极为美丽，可孤植、丛植或作行道树，为国家二级重点保护植物。

树冠

盆景

树干

11. 榔榆

Ulmus parvifolia Jacq.

榆科，榆属。

别名 小叶榆、秋榆。

形态特征 落叶乔木，树冠广圆形，树干基部有时呈板状根，树皮灰色或灰褐色，裂成不规则鳞状薄片剥落，露出红褐色内皮，近平滑，微凹凸不平；当年生枝密被短柔毛，深褐色。叶质地厚，披针状卵形或窄椭圆形，稀卵形或倒卵形，叶基部偏斜，楔形或一边圆，叶缘有整齐而钝的单锯齿，稀重锯齿，聚伞花序，翅果椭圆形或卵状椭圆形。

造型树

枝叶

产地与习性 我国各省均有分布，日本、朝鲜也有分布。喜光，耐干旱，适应各种土壤，但以气候温暖、肥沃、排水良好的中性土壤为佳。

园林应用 榔榆树皮斑驳，干略弯，小枝弯垂，叶色秋季变红，常孤植成景，适宜种植于池畔、亭榭附近，可配植于山石之间，也可作工厂绿化、四旁绿化的观赏树种。

树冠

冬态

树干

12. 木棉
Bombax ceiba Linnaeus.

木棉科，木棉属。

别名　红棉、英雄树、攀枝花、斑芝棉、斑芝树、攀枝。

树冠

形态特征　落叶大乔木，树皮灰白色，幼树的树干通常有圆锥状的粗刺。掌状复叶互生，小叶5～7枚，长圆形至长圆状披针形，顶端渐尖，基部阔或渐狭，全缘。花单生枝顶叶腋，通常红色，有时橙红色；萼杯状，花瓣肉质，倒卵状长圆形。蒴果长圆形，密被灰白色长柔毛和星状柔毛。花期3—4月份，果夏季成熟。

产地与习性　产于我国云南、四川、贵州、广西、江西、广东、福建、台湾等地，印度、斯里兰卡、中南半岛、马来西亚、印度尼西亚、菲律宾及澳大利亚北部都有分布。喜温暖干燥和阳光充足环境，不耐寒，稍耐湿，忌积水，耐旱，抗污染、抗风力强。以深厚、肥沃、排水良好的中性或微酸性沙质土壤为宜。

园林应用　木棉树形高大雄伟，春季红花盛开，是优良的行道树、庭荫树和风景树。

丛植

独赏树

花

13. 日本五针松

Pinus parviflora Sieb. et Zucc.

松科，松属。

别名　五钗松、日本五须松、五针松。

形态特征　常绿乔木，树冠圆锥形，幼树树皮淡灰色、平滑，大树树皮暗灰色、裂成鳞状块片脱落。枝平展，一年生枝幼嫩时绿色，后呈黄褐色，密生淡黄色柔毛。针叶5针1束，微弯曲，叶鞘早落。球果卵圆形或卵状椭圆形，几无梗，熟时种鳞张开，鳞盾近斜方形，先端圆，鳞脐凹下，种子有翅，为不规则倒卵圆形。

产地与习性　我国南北各地均有引种栽培。阳性树，较耐阴，喜生于深厚、排水良好的土壤，不耐移植。

园林应用　树形美观，可作行道树、园景树和盆景。

盆景

盆景一
针叶

枝叶

—49—

14. 丝棉木

Euonymus maackii Rupr.

卫矛科，卫矛属。

别名 明开夜合、白杜、桃叶卫矛。

形态特征 落叶小乔木。叶呈卵状椭圆形、卵圆形或窄椭圆形，先端长渐尖，基部阔楔形或近圆形，边缘具细锯齿，有时极深而锐利。聚伞花序 3 花至多花，黄绿色。蒴果倒圆心状，4 浅裂，成熟后果皮粉红色；种子长椭圆状，棕黄色，假种皮橙红色，全包种子，成熟后顶端常有小口。花期 5—6 月份，果期 9 月份。

产地与习性 我国除陕西、西南和两广未见野生外，其他各地均有。喜光、耐寒、耐旱、稍耐阴，也耐水湿，对土壤要求不严。为深根性植物，根萌蘖力强，生长较慢。

园林应用 丝棉木枝叶秀丽，红果密集，可长久悬挂枝头，到了秋季，红绿相映煞是美丽，是园林优美的观赏树种。宜植于林缘、草坪、路旁、湖边及溪畔，也可用作防护林或工厂绿化树种。

树冠

花序

果序

枝叶

树冠秋态

树干

蒴果开裂

树枝冬态

15. 雪松
Cedrus deodara (Roxb.) G. Don.

松科，雪松属。

别名　喜马拉雅松。

形态特征 常绿乔木，塔形树冠，大枝平展，小枝常下垂。叶针状，灰绿色，幼时被白粉，在长枝上互生，在短枝上簇生。雌雄异株。球果椭圆状卵形，次年成熟；种鳞木质，成熟时与种子同落。花期 10—11 月份，果实成熟期翌年 10 月份。

产地与习性 原产于喜马拉雅山西部，长江流域各大城市多有栽培，最北至大连。阳性树，有一定的耐阴性，幼苗期耐阴力较强，喜温凉气候，有一定的耐寒力，喜土层深厚而排水良好的土壤，忌积水。浅根性，抗风性弱，寿命长。不耐烟尘，对氟化氢、二氧化硫反应极为敏感，可作大气检测树种。

园林应用 雪松树体高大，树形优美，为世界著名观赏树，常作独赏树。

独赏树

枝叶

枝叶　　　独赏树

行道树　　　球果

16. 洋紫荆
Bauhinia variegata Linn.

豆科，羊蹄甲属。

别名　羊蹄甲、红紫荆、弯叶树、宫粉羊蹄甲。

形态特征　落叶乔木，树皮暗褐色，近光滑，幼嫩部分常被灰色短柔毛；枝广展，硬而稍呈之字曲折，无毛。叶近革质，广卵形至近圆形，宽度常超过长度，基部浅至深心形，有时近截形，先端 2 裂达叶长的 1/3，裂片阔，钝头或圆。总状花序侧生或顶生，花大，近无梗，花蕾纺锤形，萼佛焰苞状，被短柔毛，花瓣倒

白花洋紫荆

卵形或倒披针形，具瓣柄，紫红色或淡红色，杂以黄绿色及暗紫色的斑纹，近轴一片较阔。荚果带状，扁平。花期全年，3 月最盛。

产地与习性　原产于我国南部。印度、中南半岛有分布，在热带、亚热带地区广泛栽培。喜光，不甚耐寒，喜肥厚、湿润的土壤，忌水涝。萌蘖力强，耐修剪。

园林应用　洋紫荆终年常绿繁茂，花美丽而略有香味，花期长，生长快，颇耐烟尘，适宜作独赏树、行道树等。

花枝

花

叶片

17. 棕榈

Trachycarpus fortunei (Hook.)
H. Wendl.

棕榈科，棕榈属。

别名 棕树、中国扇棕、拼棕。

形态特征 常绿乔木，为单子叶植物，干圆柱形，直立无分枝，干上具环状叶痕呈节状。叶圆扇形，簇生于树干顶端向外展开，掌状深裂至中部以下，成多数的披针形裂片；叶柄两侧有锯齿，叶基的苞片扩大成黄褐色或黑褐色的纤维状鞘包被树干，通称棕皮或棕片。花单性，雌雄异株，肉质圆锥花序生于叶丛中，有明显的大形花苞，花淡黄色而细小，初出苞的花穗花小多数密集如鱼子，古称"棕笋"。核果球状或呈肾形、成熟时由绿色变为黑褐色或灰褐色，微被蜡和白粉，甚坚硬。种子胚乳角质。花期4—5月份，10—11月份果熟。

产地与习性 棕榈原产于西非，现世界各地均有栽培。在我国分布于秦岭、长江流域以南温暖湿润多雨地区。喜温暖湿润气候，喜光，耐寒性极强，稍耐阴，适生于排水良好、湿润肥沃的中性、石灰性或微酸性土壤，耐轻盐碱，也耐一定的干旱与水湿，抗大气污染能力强。

园林应用 棕榈科植物以其特有的形态特征构成了热带植物部分特有的景观。棕榈树栽于庭院、路边及花坛之中，树势挺拔，叶色葱茏，适宜四季观赏。

树冠

花序

幼果序

成熟的果实

第 3 部分　庭荫树

庭荫树又称绿荫树、庇荫树，能形成绿荫以降低气温，供人们休息纳凉，避免日光曝晒，创造舒适、凉爽的环境，同时，由于庭荫树一般都枝干苍劲、荫浓冠茂，无论孤植或丛栽，都可形成美丽的景观。

一般要求树冠高大，生长健壮，枝茂荫浓；无不良气味，无毒，不易污染衣物；少病虫害；根蘖少；根部耐践踏或耐地面铺装所引起的通气不良条件；生长较快，适应性强，管理简易，寿命较长；树形或花果有较高的观赏价值等等。热带和亚热带地区多选常绿树种，寒冷地区以选用落叶树为主，大多为乡土树种。

庭荫树可孤植、对植或丛植于庭院、园林中，配植方式根据地块面积，建筑物的高度、布局等来定。如建筑物雄伟高大的宜选高大树种，精致矮小的宜选小巧树种。树木的色彩也应与建筑物相配。庭荫树与建筑之间的距离不宜过近，否则会影响建筑物的基础和采光。具体栽植位置，还要考虑树冠的阴影在四季和一日中的移动对建筑物的影响，一般以夏季午后树荫能投射在建筑物的阳面为标准来选择栽植点。

1. 柽柳

Tamarix chinensis Lour.

柽柳科，柽柳属。

别名　西河柳、西湖柳、红柳、阴柳。

形态特征　落叶小乔木，树皮红褐色；枝条细长常下垂，柽柳的老枝红紫色或淡棕色。叶互生，披针形，鳞片状，小而密生，呈浅蓝绿色。小枝下垂，纤细如丝，婀娜可爱。总状花序集生于当年枝顶，组成圆锥状复花序，花小而密，粉红色，夏、秋开花，有时一年开3次花。蒴果，10月份成熟，通常不结实。

丛生树

产地与习性　原产于我国，分布极广。喜光，耐寒，耐热，耐烈日曝晒，耐干又耐水湿，抗风又耐盐碱。深根性，根系发达，萌芽力强，耐修剪和刈割，生长较快。

园林应用　柽柳枝条细柔，姿态婆娑，开花如红蓼，颇为美观。常在庭院栽培，也可作绿篱用，适于就水滨、池畔、桥头、河岸、堤防。

树冠

枝叶

花序

开花状态

2. 黄檗

Phellodendron amurense Rupr.

芸香科，黄檗属。

别名 元柏、檗木、檗皮、黄菠萝。

结果状态

形态特征 落叶乔木，树皮厚，浅灰色，网状深纵裂，木栓质发达，内皮鲜黄色。奇数羽状复叶对生或近互生，小叶 5～13 枚，卵状椭圆形至卵状披针形，叶基稍不对称，叶表光滑，叶背中脉基部有毛。顶生圆锥花序，花小，黄绿色。核果。花期 5—6 月份，果期 9—10 月份。

产地与习性 产于中国东北小兴安岭南坡、长白山区及河北省北部。喜光，不耐阴，深根性，主根发达抗风力强，喜适当湿润、排水良好的中性或微酸性壤土。

园林应用 树冠宽阔，秋季叶变黄色，故可植为庭荫树或成片栽植。在自然风景区中可与红松、兴安落叶松、花曲柳等混交。

树冠落叶状态

枝叶

树干

树冠

3. 红槲栎

Quercus rubra L.

壳斗科，栎属。

别名　北美红栎、红栎树。

形态特征　树冠圆形，树皮光滑，灰褐色或深灰色。幼树直立生长，枝条强而直，单叶互生，卵圆形，叶具裂片，每一片裂片顶部具长刚毛，秋季叶片会变为黄色或红褐色。

产地与习性　原产于美国和加拿大东部。在全光和半阴环境下生长良好，抗寒性强，耐大风，适应城市环境，喜中等干湿土壤。我国山东青岛、辽宁南部等地有栽培。

园林应用　秋叶呈鲜红色或红褐色可持续整个冬季，生长速度快，为大型观赏树种。适合在庭园作遮阴树，可用于公园、广场、厂区、庭院绿化，也可作行道树。

枝干

春季萌芽状态

枝叶

秋色叶

树冠

4. 毛泡桐

Paulownia tomentosa (Thunb.) Steud.

玄参科，泡桐属。

别名　紫花桐、冈桐、日本泡桐。

花

花序

形态特征 落叶乔木，树皮褐灰色，有白色斑点。小枝有明显皮孔，幼时常具黏质短腺毛。单叶对生，大而有长柄，叶柄常有黏性腺毛，叶全缘或具 3~5 浅裂；聚伞圆锥花序的侧枝不发达，花萼浅钟状，密被星状茸毛，花冠漏斗状钟形，外面淡紫色，有毛，内面白色，有紫色条纹；蒴果卵圆形，先端锐尖，外果皮革质；花期 5—6 月份，果期 8—9 月份。

产地与习性 辽宁南部、河北、河南、山东、江苏、安徽、湖北、江西等地常栽培。强阳性树种，不耐庇荫，根系近肉质，怕积水而较耐干旱。不耐盐碱，喜肥。

园林应用 毛泡桐树干端直，树冠宽大，叶大荫浓，花大而美，宜作行道树、庭荫树，也是重要的速生用材树种，四旁绿化，结合生产的优良树种。

树冠

开花树冠

枝叶

5. 桑树

Morus alba L.

桑科，桑属。

别名　家桑、蚕桑、桑。

形态特征　落叶乔木，树皮灰褐色。单叶互生。叶卵形或卵圆形，先端尖，基部圆形或心形，锯齿粗钝，幼树之叶有时分裂，表面光滑，有光泽，背面脉腋处有簇毛。雌雄异株，小瘦果包藏于肉质花被内，集成圆柱形聚花果——桑葚，熟时红色、紫黑色或近白色。

果序

产地与习性　原产于我国中部，现南北各地广泛栽培。喜光，喜温暖，适应性强，耐寒，耐干旱瘠薄和水湿，在微酸性、中性、石灰质和轻盐碱土壤上均能生长。

园林应用　树冠宽阔，枝叶茂密，秋季叶色变黄，颇为美观，且能抗烟尘及有害气体，适于城市、工矿区及农村四旁绿化。我国古代有在房前屋后栽种桑树和梓树的传统，所以常用桑梓代表故乡。

变种　龙桑，枝条均呈龙游状扭曲。

枝叶

冬态

树冠

6. 山皂荚

Gleditsia japonica Miq.

豆科，皂荚属。

别名 皂角树、荚果树。

落花

形态特征 落叶乔木，高可达 14 m。树皮糙而不裂，干及枝上分歧之枝刺，枝刺扁，枝无顶芽，侧芽叠生。偶数羽状复叶互生，穗状花序，荚果薄而扭曲。花期 5—6 月份，果期 6—10 月份。

产地与习性 分布极广，我国北部至南部以及西南等地均有分布。喜光而稍耐阴，喜温暖湿润气候及深厚肥沃适当湿润的土壤，对土壤要求不严。

园林应用 树冠广宽，叶密荫浓，宜作庭荫树及四旁绿化或造林用。

行道树

树冠冬态

枝刺　果实

枝叶与花序　叶片

庭荫树

7. 复叶槭

Acer negundo L.

> 槭树科，槭树属。
>
> 别名　梣叶槭、糖槭。

形态特征　落叶乔木，小枝绿色，有白粉。奇数羽状复叶对生，小叶3~5枚，卵形或椭圆状披针形，缘有不规则缺刻。翅果狭长，张开呈锐角。

产地与习性　原产于北美东南部，我国东北、华北、内蒙古、新疆及华东一带都有栽培。喜光，喜冷凉气候，耐干冷，喜深厚、肥沃、湿润土壤，稍耐水湿，在东北生长良好。

园林应用　本种枝叶茂密，入秋叶色金黄，颇为美观，宜作庭荫树、行道树及防护树种。在北方也常作四旁绿化树种。

品种　有金叶复叶槭（cv. 'Aureu'）、粉叶复叶槭（cv. 'Flamingo'）和花叶复叶槭（cv. 'Variegatum' Jacp.），其中金叶复叶槭的抗寒能力最强，在沈阳地区可种植。

树冠

枝叶

果实

树冠（金叶复叶槭）

花叶复叶槭

开花展叶状态（金叶复叶槭）

粉叶复叶槭

防护树（金叶复叶槭）

芽膨
大状态
（金叶
复叶槭）

8. 五角枫

Acer pictum subsp. mono (Maxim.)

H. Ohashi

槭树科，槭属。

别名 锦槭、色木、丫角枫、五角槭。

整形树

形态特征 落叶乔木，冬芽紫褐色，有短柄。单叶对生，基部心形或浅心形，通常5裂，裂深达叶片中部，有时3或7裂，裂片卵状三角形，顶部渐尖或长尖，全缘，表面绿色，无毛，背面淡绿色，基部脉腋有簇毛。花多数，伞房花序。翅果钝角，花期5月份，果期9月份。

产地与习性 广布于东北、华北及长江流域各省，是我国槭树科中分布最广的一种。弱阳性，稍耐阴，喜温凉湿润气候，对土壤要求不严，生长速度中等，深根性，很少病虫害。

园林应用 树形优美，叶、果秀丽，入秋叶色变为红色或黄色，宜作山地及庭园绿化树种，与其他秋色树种或常绿树配植，彼此衬托掩映，可增加秋景色彩。也可用作庭荫树、行道树或防护树。

花序

果实

叶片

行道树

秋色叶观赏期

秋季落叶

9. 樟

Cinnamomum camphora (L.) Presl.

樟科，樟属。

别名 樟树、香樟、樟木、瑶人柴、栳樟、臭樟、乌樟。

形态特征 常绿大乔木，树冠广卵形，树皮幼时绿色，平滑，老时渐变为黄褐色或灰褐色纵裂。单叶互生，薄革质，卵形或椭圆状卵形，顶端短尖或近尾尖，基部圆形，离基 3 出脉。圆锥花序生于新枝的叶腋内，花黄绿色，春天开，圆锥花序腋出，小又多。果球形，熟时紫黑色。花期 4—5 月份，果期 10—11 月份。

庭荫树

产地与习性 产于南方及西南各省区。越南、朝鲜、日本也有分布，其他各国常有引种栽培。喜光，稍耐阴，喜温暖湿润气候，耐寒性不强，较耐水湿，不耐干旱、瘠薄和盐碱土。

园林应用 枝叶茂密，冠大荫浓，树姿雄伟，能吸烟滞尘、涵养水源、固土防沙和美化环境，是城市绿化的优良树种，广泛作为庭荫树、行道树、防护林及风景林。在草地中丛植、群植、孤植或作为背景树为雄伟壮观，又因其对多种有毒气体抗性较强，较强的吸滞粉尘的能力，常被用于城市及工矿区绿化。

独赏树
树干

树冠

10. 小叶朴

Celtis bungeana Blume.

榆科,朴属。

别名 黑弹朴、黑弹树。

形态 特征 落叶乔木,树皮灰褐色,平滑。树冠倒广卵形至扁球形。单叶互生,叶片卵形或卵状椭圆形,先端渐尖,叶缘中部以上具锯齿,核果近球形,熟时紫黑色。花期 6 月份,果期 10 月份。

产地与习性 产于东北南部、华北,经长江流域至西南、西北各地。稍耐阴,耐寒,喜深厚、湿润的中性黏质土壤。深根性,萌蘖力强,生长较慢。

园林应用 可孤植、丛植作庭荫树,可列植作行道树,又是厂区绿化树种。

树冠

树干

枝叶

叶腋处着生的果实

11. 元宝枫

Acer truncatum Bunge

槭树科，槭树属。

别名　平基槭、色树、元宝树、枫香树。

形态特征 干皮灰黄色，浅纵裂，小枝灰黄色，光滑无毛；单叶对生，掌状5～7裂，裂片全缘，基部常截形，稀心形。伞房花序，翅果扁平，张开约呈直角，翅长度等于或略长于果核。

产地与习性 主产黄河中、下游各省，东北南部及江苏北部。安徽南部也有分布。弱阳性，耐半阴，喜生于阴坡及山谷，喜温凉气候及肥沃、湿润而排水良好的土壤，有一定的耐寒力，但不耐涝。萌蘖性强，深根性，有抗风雪能力。

园林应用 冠大荫浓，树姿优美，叶形秀丽，嫩叶红色，秋季叶又变成橙黄色或红色，是我国北方重要的秋色叶树种。华北各省广泛栽作庭荫树和行道树。

枝叶

翅果

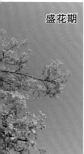

盛花期

展叶期

叶片

树干

12. 枣树
Ziziphus jujuba Mill.

鼠李科，枣属。

别名 枣、刺枣。

果实

形态特征 落叶乔木。树皮灰褐色，条裂。枝有长枝、短枝与脱落性小枝之分。长枝红褐色，呈"之"字形弯曲，光滑，有托叶刺或不明显，脱落性小枝较纤细，无芽，簇生于短枝上，秋后与叶俱落。单叶互生，叶卵形至卵状长椭圆形，先端钝尖，边缘有细锯齿，近革质，有光泽，三出脉。聚伞花序腋生，花淡黄色或微带绿色。核果卵形至长圆形熟时暗红色，果核坚硬，两端尖。花期在5—6月份，果期8—9月份。

产地与习性 在我国分布很广，以黄河中下游、华北平原栽培最普遍。强阳性，抗旱，耐贫瘠土壤，能抗风沙。根系发达，深而广，根萌蘖力强，树生长慢。

园林应用 园林结合生产宜丛植、片植，也可栽作庭荫树。

树冠

枝条冬态

树干

树冠冬态

花序和叶片

第4部分　丛林树

　　丛林树一般是指树丛和片林树种。树丛是由两株到十几株同种或异种乔木，或乔、灌木组合而成的种植类型。丛植在园林中是一种重要的布置形式，经常采用二、三、四、五、七或多株同种或异种树木配合，以庇荫为主或以观赏为主。属于庇荫为主的树丛，多由乔木树种组成，以采用单一树种为宜；属于观赏为主的树丛，则可将不同种类的乔木与灌木混交，且可与宿根花卉相配。丛植要注意很好地处理株间、种间关系，集体美与个体美兼顾。

　　片林是由多数乔灌木混合成群、成片栽植而成的种植类型，也可以构成林地和森林景观，有大小、疏密变化会更美观。林植是较大规模成带成片的树林状的种植方式。它反映的是群体美。林植也是园林结合生产的场所，在大型公园、风景区、森林公园中多有林植。

1. 白桦

Betula platyphylla Sukats.

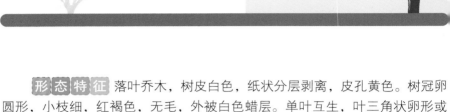

桦木科，桦木属。

别名 桦树、桦木、桦皮树。

形态特征 落叶乔木，树皮白色，纸状分层剥离，皮孔黄色。树冠卵圆形，小枝细，红褐色，无毛，外被白色蜡层。单叶互生，叶三角状卵形或菱状卵形，基部广楔形，叶缘有不规则重锯齿。雄花为下垂柔黄花序，果序单生，圆柱形。坚果小而扁，膜质翅与果等宽或比果稍宽。

产地与习性 产于东北大、小兴安岭，长白山及华北高山地区。强阳性，耐严寒，喜酸性土，耐瘠薄，适应性强。深根性，生长速度中等，寿命较短，萌芽力强，天然更新良好。

园林应用 白桦枝叶扶疏，姿态优美，尤其是树干修直，洁白雅致，十分引人注目。孤植、丛植于庭园、公园的草坪、池畔、湖滨或列植于道旁均可。

树冠

枝叶和花序

自然林

行道树秋态　自然林秋景

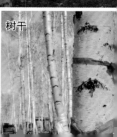

树干

2. 白皮松

Pinus bungeana Zucc. ex Endl.

松科，松属。

别名　白骨松、三针松、虎皮松、蟠龙松。

形态特征　常绿乔木，树皮淡灰绿色或粉白色，不规则鳞片状脱落。针叶3针1束，粗硬。雄球花卵圆形或椭圆形，多数聚生于新枝基部成穗状；球果通常单生，初直立，后下垂，卵圆形或圆锥状卵圆形；鳞盾多为菱形，横脊显著，鳞脐背生，有三角状短尖刺。种子灰褐色。花期4—5月份，球果翌年10—11月份成熟。

树冠

产地与习性　为我国特产，是东亚唯一的三针松，在陕西蓝田有片林，各地多有栽培。阳性树，耐干旱，稍耐阴，耐寒性不如油松，喜生于排水良好而又适当湿润的土壤上。

园林应用　白皮松是我国特产的珍贵树种，树干皮呈斑驳状的乳白色，极为醒目，衬以青翠的树冠，可谓独具奇观。宜孤植，也宜团植成林，或列植成行，或对植堂前。

雄花序

枝叶和松球果

成熟开裂的松球果

行道树

片林

树干

3. 白杆

Picea meyeri Rehd. et Wils.

松科，云杉属。

别名　麦氏云杉、毛枝云杉。

形态特征　常绿乔木，树冠狭圆锥形。树皮灰色，呈不规则薄鳞状剥落，大枝平展，一年生枝黄褐色。叶四棱状条形，横断面棱形，弯曲，呈有粉状青绿色。

产地与习性　我国华北地区应用多，各地引种栽培。耐寒，耐阴，喜空气湿润气候，喜生于中性及微酸性土壤。

园林应用　宜作华北地区高山上部的造林树种，也可栽培作庭园树，北京庭园多有栽培，生长很慢。

果序

幼果序

枝叶

树冠

树冠冬态

树干

4. 板栗
Castanea mollissima Bl.

山毛榉科，栗属。

别名　栗、中国板栗。

形态特征 落叶乔木。小枝有灰色茸毛，无顶芽。单叶互生，叶椭圆形至椭圆状披针形，先端渐尖，基部圆形或广楔形，缘齿尖芒状，背面常有灰白色柔毛。雌雄同株，雄花为直立柔荑花序，雌花单独或数朵生于总苞内。坚果1～3个包裹于球形总苞内，熟时开裂，总苞密被长针刺。

成熟开裂的总苞和果实

产地与习性 为我国特产树种，以华北和长江流域栽培较集中，其中河北是著名产区。喜光，北方品种较耐寒，南方品种则喜温暖而不怕炎热，喜微酸性或中性土壤。

园林应用 板栗树冠圆广，枝茂叶大，在公园草坪及坡地孤植或群植均适宜，也可用作山区绿化造林和水土保持树种，是绿化结合生产的良好树种。

树冠

一年生枝冬态

总苞

树干

花序

5. 侧柏
Platycladus orientalis (Linn.) Franco

柏科，侧柏属。

别名 黄柏、扁柏。

形 态 特 征 常绿乔木，树皮薄，浅褐色，呈薄片状剥离。大枝斜出，小枝直展扁平，叶全为鳞片状。雌雄同株，球花单生枝顶。球果卵形，熟前绿色，肉质种鳞顶端反曲尖头，熟后木质，开裂，红褐色，种子无翅。

产 地 与 习 性 原产于东北、华北，现全国各地均有栽培。喜光，有一定的耐阴力，喜温暖湿润气候，也耐旱，较耐寒，喜排水良好而湿润的深厚土壤。抗烟尘，抗二氧化硫、氯化氢等有害气体。

园 林 应 用 侧柏是我国应用最广泛的园林树种之一，常栽于寺庙、陵墓地和庭院中。

绿篱

未成熟的松球果

枝叶　　成熟开裂的松球果

树冠　树干

6. 刺槐
Robinia pseudoacacia L.

豆科，刺槐属。

别名 洋槐。

形态特征 落叶乔木，树皮灰黑褐色，纵裂，小枝灰褐色，具托叶刺。奇数羽状复叶互生，小叶椭圆形至卵状长圆形，先端圆或微凹，具小刺尖，全缘。总状花序，白色蝶形花，芳香。荚果扁平，线状长圆形，褐色，光滑。花期4—6月份，果期8—9月份。

产地与习性 原产于北美，现欧、亚各国广泛栽培。为强阳性树，较耐干旱瘠薄，对土壤适应性很强，畏积水，浅根性，侧根发达，萌蘖性强，寿命较短。

园林应用 树冠高大，叶色鲜绿，花、叶绿白相映，素雅芳香，可作片林、庭荫树及行道树，也是工矿区绿化及荒山荒地绿化的先锋树种。

品种 香花槐 (cv. 'Idaho')，花红色，芳香，在北方5月份和7月份开花，在南方开3~4次花。叶繁枝茂，树冠开阔，树干笔直，树态苍劲挺拔，观赏价值极佳。

树冠

树干

树干

枝芽和托叶刺　花朵

叶片　花序

花序　树冠

7. 构树

Broussonetia papyrifera (L.) Vent.

桑科，构属。

别名　构桃树、构乳树、楮树、谷浆树。

树冠

形态特征 落叶乔木，树皮平滑，浅灰色或灰褐色，不易裂，具紫色斑块。一年生枝灰绿色，密生灰白色刚毛，髓心海绵状，白色，全株含乳汁。单叶互生，有时近对生，叶卵圆至阔卵形，先端尖，基部圆形或近心形，边缘有粗齿，3～5深裂，两面有厚柔毛。果球形，熟时橙红色或鲜红色。花期4—5月份，果期7—9月份。

产地与习性 分布于黄河、长江和珠江流域的各地。强阳性树种，适应性特强，耐旱，耐瘠，耐修剪，抗污染性强。

园林应用 枝叶茂密，适合用作矿区及荒山坡地绿化，也可作庭荫树和防护林用。

新植树

叶片

果实

树干

构树

8. 黑松

Pinus thunbergii **Parlatore**

松科，松属。

别名 白芽松。

形态特征 常绿乔木。树冠幼时呈狭圆锥形，老时呈扁平的伞状，树皮灰黑色。冬芽银白色。叶2针1束，刚强而粗。花单生，雌花生于新芽的顶端，呈紫色，雄花生于新芽的基部，呈黄色，球果卵形，鳞背稍厚，横脊显著，鳞脐微凹，有短刺，种子有薄翅。花期4月份，球果至翌年秋天成熟。

枝叶

产地与习性 原产于日本及朝鲜半岛东部沿海地区，我国山东、江苏、浙江、福建等沿海各省普遍栽培。阳性树，喜温暖湿润的海洋性气候，耐海雾、抗海风，也可在海滩盐碱地生长。

园林应用 黑松为著名的海岸绿化树种，可用作海滨浴场附近的风景林。针叶浓绿，四季常青，冠形整齐，因此也可作行道树或庭荫树。

树干

片林

9. 红皮云杉

Picea koraiensis Nakai.

松科，云杉属。

别名 虎尾松。

形态特征 常绿乔木，树冠尖塔形或圆锥形，枝条轮生，小枝上有明显的叶枕。叶条形四棱，先端尖，生于叶枕上，多辐射伸展，上下两面中脉突起，横切面菱形，四面有气孔线。雌雄同株，球果圆柱形，生于枝顶，下垂，当年成熟。

产地与习性 产于东北大小兴安岭、张广岭、长白山、内蒙古等地区的山地。耐寒，有一定的耐阴性，喜冷凉湿润气候，浅根性，要求排水良好，喜微酸性深厚土壤。

园林应用 树冠尖塔形，苍翠壮丽，材质优良，生长较快，可作行道树和风景林等。

树冠

枝上叶枕

球果

枝

条形叶

10. 红松

Pinus koraiensis Sieb.et Zucc.

松科，松属。

别名　海松、果松、红果松、朝鲜松。

形态特征 树皮灰褐色，不规则长方形裂片，小枝有毛。叶5针1束，粗、硬、直，深绿色，缘有细锯齿，树脂道3个，叶鞘早落。球果圆锥状长卵形，黄褐色，鳞背三角形，鳞脐顶生而反卷。种子大，无翅，球果成熟时种鳞不开张或略开张。花期6月份，球果翌年9—10月份成熟。

产地与习性 产于东北地区，在长白山、完达山、小兴安岭极多。阳性树，较耐阴，要求温和凉爽的气候，在土壤pH 5.5～6.5生长好。

园林应用 树形雄伟高大，宜作北方森林风景区材料，或配植于庭园中作庭荫树、行道树。

树冠

树干　种子

片林　枝叶

11. 火炬树
Rhus typhina Nutt.

漆树科，盐肤木属。

别名 鹿角漆、火炬漆、加拿大盐肤木。

形态特征 落叶小乔木，分枝少，小枝粗壮并密褐色茸毛，柄下芽。奇数羽状复叶互生，小叶 19～23 枚（11～31 枚），长椭圆状至披针形，先端长渐尖，基部圆形或广楔形，缘有整齐锯齿，被密柔毛，老时脱落。圆锥花序顶生、密生茸毛，花淡绿色，雌花序及果穗鲜红色，形同火炬。花期 6—7 月份，果期 9—11 月份。

产地与习性 原产于北美，常在开阔的沙土或砾质土上生长。我国各地引种栽培。阳性树种，耐寒，耐干旱瘠薄，耐水湿，耐盐碱，萌蘖性强，适应性极强，一年可成林。

园林应用 火炬树果穗红艳似火炬，夏、秋缀于枝头，秋叶鲜红色，是优良的秋景树种。宜丛植于坡地、公园角落，也是固堤、固沙、保持水土的好树种。

树冠　丛植

结果树

秋色叶

果序

雄花序

枝芽冬态

雌树冬态

12. 落叶松

Larix gmelinii (Rupr.) Kuzen.

松科，落叶松属。

别名 兴安落叶松。

形态特征 落叶乔木，叶在长枝上螺旋状散生，在短枝上呈簇生状，倒披针状窄条形，扁平，稀呈四棱形，柔软。球花单性，雌雄同株，雄球花和雌球花均单生于短枝顶端，春季与叶同时开放。球果当年成熟，直立，幼嫩球果通常紫红色或淡红紫色，稀为绿色，成熟前绿色或红褐色，熟时球果的种鳞张开，革质，宿存，种子上部有膜质长翅。

枝叶

产地与习性 分布于大小兴安岭地区，为东北地区主要森林树种。喜光，对水分要求高，在土层深厚、肥沃、湿润、排水良好的北坡及丘陵地生长旺盛。

园林应用 树冠整齐呈圆锥形，叶轻柔而潇洒，可形成美丽的片林景区。

片林冬态

丛植

树冠

树干

13. 青杆
Picea wilsonii Mast.

松科，云杉属。

别名 杆松、细叶云杉。

形态特征 常绿乔木，树冠圆锥形，小枝基部宿存的芽鳞不反卷。叶较细，较短，横断面菱形或扁菱形。球果卵状圆柱形或圆柱状长卵形，成熟前绿色，熟时黄褐色或淡褐色。花期4月份，球果10月份成熟。

松球果

产地与习性 分布于我国内蒙古、河北、陕西、湖北、甘肃、黑龙江、吉林、辽宁、青海等地。性强健，适应力强，耐阴性强，耐寒，喜凉爽湿润气候，喜排水良好，适当湿润的中性或微酸性土壤。自然界中有纯林，也常与白桦、白杆、臭冷杉、山杨等混生。

枝叶

园林应用 青杆树形整齐、枝叶细密、下部枝条不脱落，是优美的园林绿化树种。北京、太原、西安等地常用作行道树或片林栽培，有较高的观赏价值。

独赏树树冠

树冠近景

丛植树

14. 三花槭
Acer triflorum Thunb.

槭树科,槭属。

别名 拧筋槭、拧筋子。

枝叶

形态特征 树皮灰褐色,薄片状剥裂。小枝灰褐色,有圆形点状皮孔。叶为3出复叶对生,小叶纸质,长圆卵形或长圆披针形,稀长圆倒卵形,表面绿色,背面黄绿色,脉上有白色长毛,叶柄细瘦,淡紫色。伞房花序,花杂性,黄绿色,雄花与两性花异株,花梗有褐色柔毛。小坚果凸起,近于球形,翅黄褐色,张开呈锐角或近于直角。花期4—5月份,果期9月份。

产地与习性 分布于我国东北三省及朝鲜北部。耐寒,喜光,稍喜阴,喜湿润肥沃土壤。

园林应用 三花槭入秋后叶色变红,为点缀庭园的良好观叶树种。

新植树

树冠

树干

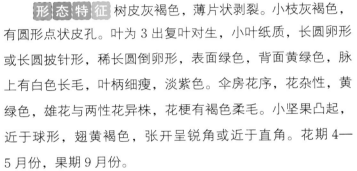

枝干冬态

15. 杉松

Abies holophylla Maxim.

松科，冷杉属。

别名　辽东冷杉。

形态特征　常绿乔木。树冠宽圆锥形，树皮灰褐色，浅纵裂，一年生枝黄灰色至淡黄褐色，无毛，枝上有圆叶痕。叶条形，中脉下凹，端突尖或渐尖。球果圆柱形，生于叶腋直立，当年成熟，成熟时种子与种鳞、苞鳞同落。

产地与习性　产于我国东北。耐阴，抗寒能力较强，喜土层肥厚的阴坡，浅根性，幼苗生长缓慢，10余年后开始变快。

园林应用　树冠尖圆形，宜列植或片植。也可与云杉等混交种植。

冬季树冠

芽萌发

春季树冠

春季新发枝叶

枝叶

16. 水杉
Metasequoia glyptostroboides
Hu et Cheng

杉科，水杉属。

别名　水桫。

形态特征 落叶乔木，树皮灰褐色，裂成条片状脱落，大枝近轮生，小枝对生。叶交互对生，叶基部扭转排成2列，呈羽状、线形、柔软，几乎无柄。雌雄同株，球果下垂，当年成熟，果蓝色，可食用，近球形或长圆状球形，微具四棱。每年2月份开花，果实11月份成熟。

产地与习性 产于四川、湖北及湖南等地。阳性树，喜温暖湿润气候，具有一定的抗寒性，喜深厚、肥沃而又排水良好的酸性土，不耐涝，不耐旱，生长速度较快。

园林应用 水杉树冠呈圆锥形，姿态优美，叶色秀丽，秋叶转棕褐色，都很美观。在园林中孤植、丛植或列植，也可成片林植。

枝叶

行道树

片林

树干

园景树

秋季树冠

17. 香柏

Thuja occidentalis L.

柏科，崖柏属。

别名　美国侧柏、北美香柏。

形态特征　树冠圆锥形，小枝平展。鳞叶先端突尖，较侧柏肥大，表面暗绿色，背面黄绿色，主枝上的叶有腺体，芳香；侧枝上的叶无腺体或很小。球花单性，雌雄同株，雄球花长卵圆形或椭圆状卵圆形，雌球花卵圆形。球果长椭圆形，种鳞较薄，革质，扁平；种子近三角状，种翅宽大，比种子长。

枝叶和松果球

产地与习性　原产于北美，我国中西部各省引种栽培。阳性树，有一定的耐阴力，耐寒，对土壤适应性强，生长较慢。

园林应用　香柏在园林中用于配置，可作绿篱、列植、丛植，其盆景常用于岩石园。

树冠

树干

枝叶

18. 油松

Pinus tabuliformis Carr.

松科，松属。

别名 短叶松、短叶马尾松、东北黑松。

形态特征 常绿乔木，树冠幼年塔形或圆锥形，中年树卵形，孤立老年树的树冠平顶，呈扁圆形或伞形等。干粗壮直立，有时也能长成弯曲多姿的树干，显得苍劲挺拔；树皮灰棕色，鳞片状开裂，裂缝红褐色；冬芽红褐色。叶2针1束，粗硬，树脂道边生。球果卵形，熟时淡黄或淡黄褐色，宿存多年；种鳞的鳞盾肥厚，横脊显著，鳞脐有刺。

产地与习性 产于东北、华北、西北等地。强阳性树，幼苗能在林下生长，性强健而耐寒，对土壤要求不严，不耐盐碱，为深根性树种，寿命长。

园林应用 树干挺拔苍劲，四季常春，树冠开展，老枝斜生，枝叶婆娑，苍翠欲滴，有庄严肃静、雄伟宏博的气势，象征坚贞不屈、不畏强暴的气质。适于作丛植、纯植、群植、孤植。

树冠

树干

雄花序　　成熟开裂的球果

幼球果

片林

19. 圆柏

Juniperus chinensis L.

柏科，刺柏属。

别名　桧柏、刺柏。

丛植

绿篱

形态特征　常绿乔木，树冠尖塔形或圆锥形，树皮灰褐色，呈浅纵条剥离，有时扭转状，老枝扭曲状。幼树之叶全为刺形，老树之叶刺形或鳞形或二者兼有；球花雌雄异株或同株，单生短枝顶；球果球形，种鳞合生，肉质，种鳞与苞鳞合生，仅苞鳞尖端分离，熟时不开裂。

产地与习性　原产于我国东北南部及华北等地。喜光但耐阴性很强，耐寒、耐热，对土壤要求不严，深根性，侧根也很发达。

园林应用　圆柏树形优美，老树则枝干扭曲，奇姿古态，堪为独景。多配植于庙宇、陵墓作甬道和纪念树，可群植、丛植。

品种　龙柏，鳞形叶，树形圆柱状，小枝略扭曲上伸。塔柏，树冠圆柱形，枝向上直伸。

树冠

造型树

球果

枝叶

独赏树

枝叶

树冠

20. 岳桦
Betula ermanii Cham.

桦木科，桦木属。

长白山上的古树

形态特征 落叶乔木，树皮灰白色，成层、大片剥裂。叶三角状卵形，宽卵形或卵形，顶端锐尖、渐尖，有时成短尾状，基部圆形、截形、宽楔形或微心形，边缘具规则或不规则的锐尖重锯齿。果序单生，直立，矩圆形。小坚果倒卵形或长卵形，膜质翅宽为果的 1/2 或 1/3。

产地与习性 产于长白山和大小兴安岭，生于海拔 1 000~1 700 m 的山坡林中，长白山有纯林，俄罗斯堪察加半岛、朝鲜、日本也有。

园林应用 木质较坚硬，可作建筑、农具材料。也是一种很好的中药材，桦树汁能提高人体免疫力，目前已被开发应用。另外有报道，桦树汁中所含的物质在一定程度上有较好的抗癌作用。

树冠

枝叶

枝干

树干

21. 樟子松

Pinus sylvestris var. mongolica Litv.

松科，松属。

别名　海拉尔松、蒙古赤松、西伯利亚松、黑河赤松。

形态特征 常绿乔木，树冠幼时尖塔形，老时圆或平顶。老树皮较厚有纵裂，黑褐色，常鳞片状开裂；树干上部树皮很薄，褐黄色或淡黄色，薄皮脱落。轮枝明显，一年生枝条淡黄色，大枝基部与树干上部的皮色相同。叶2针1束，稀有3针，刚硬扭曲。花期5月中旬至6月中旬；一年生小球果下垂，绿色，第3年春球果开裂，鳞脐小，疣状凸起，有短刺，易脱落，每鳞片上生2枚种子。

产地与习性 分布于我国的大兴安岭北部、海拉尔和内蒙古等地。耐寒性强，能忍受 −50～−40℃低温，极喜光，适应严寒干旱的气候，为我国松属中最耐寒的树种。

园林应用 适于作丛植、纯植、群植。

枝叶

树冠

球果

脱落球果

树干

22. 紫叶李

Prunus cerasfera f. atropurpurea

Jacq.

蔷薇科，李属。

别名　红叶李。

形态特征 落叶小乔木，枝干为紫灰色，嫩芽淡红褐色。叶常年紫红，单叶互生，叶卵圆形或长圆状披针形，叶缘具尖锐重锯齿。花蕊短于花瓣，花瓣为单瓣。核果扁球形，熟时黄、红或紫色，光亮或微被白粉，花叶同放，花期 3—4 月份，果常早落。

产地与习性 原产于中亚及我国新疆天山一带，现栽培分布于北京、山西、陕西、河南、江苏、山东、辽宁等地。喜光也稍耐阴，抗寒，适应性强，以温暖湿润的气候环境和排水良好的沙质壤土最为有利。怕盐碱和涝洼，对有害气体有一定的抗性。

园林应用 叶春季至秋季呈红色，尤以春季最为鲜艳，宜于建筑物前、园路旁或草坪角隅处栽植。

行道树

树冠冬态

花和枝叶　花

树冠　树干

树冠秋态

23. 紫叶稠李
Padus virginiana L. 'Canada Red'

蔷薇科，稠李属。

别名 加拿大红樱。

花序

形态特征 落叶小乔木，小枝平滑，短枝开花，单叶互生，先端阔大成椭圆，叶宽相当于叶长的2/3，初生叶为绿色，进入5月份后随着温度升高，逐渐转为紫红绿色至紫红色，秋天变成红色，成为变色树种。总状花序，花白色，花期4—5月份，果实紫红色光亮。

产地与习性 原产于北美洲，是一种速生植物。喜光，喜温暖、湿润的气候环境，在湿润、肥沃疏松而排水良好的沙质壤土上长势好。

园林应用 可孤植、丛植、群植、片植，或植成大型彩篱及大型的模纹花坛，又可作为城市道路二级行道树以及小区绿化的风景树使用。

果枝

枝芽

片林冬态

树冠

叶片

第 5 部分　观花乔木

　　园林树木根据生长类型可以分为乔木、灌木和藤木。有一个直立主干且主干高达 4 m 以上的木本植物称为乔木，如银杏、油松、玉兰、白桦等；主干不明显，常在基部发出多个枝干、呈丛生状态的木本植物称为灌木，如杜鹃、玫瑰、牡丹等。根据观赏部位可将园林树木分为观花、观果、观叶、观枝干等类。花形、花色或芳香等方面具有观赏价值的乔木树种均称为观花乔木。

1. 暴马丁香

Syringa reticulata subsp. *amurensis*

(Ruprecht) P.S.Green & M.C.Chang

木犀科，丁香属。

别名　暴马子、白丁香、荷花丁香、阿穆尔丁香。

形态特征　落叶灌木或小乔木，树皮紫灰色或紫灰黑色，粗糙，具细裂纹，常不开裂；枝条带紫色，有光泽，皮孔灰白色。单叶对生，叶片多卵形或广卵形，厚纸质至革质，先端突尖或短渐尖，基部通常圆形，全缘。圆锥花序大而稀疏，常侧生；花冠白色，花冠筒短；蒴果长椭圆形，先端常钝，外具疣状突起。花期6—7月份，果期9—10月份。

产地与习性　分布于东北、华北、西北东部。喜光，喜温暖湿润气候，耐严寒，对土壤要求不严。

园林应用　暴马丁香花期较晚，花开繁盛，在丁香专类园中起到延长花期的作用，也可做造型树，是公园、庭院及行道较好的绿化观赏树种。

开花期树冠

花朵

盛开花序

花序

行道树

枝叶

树干

幼树树干

2. 碧桃

Prunus persica L. var. *persica* f. *duplex* **Rehd.**

蔷薇科，李属，桃的变种。
别名 粉红碧桃、千叶桃花。

形态特征 落叶小乔木，小枝红褐色或绿色，表面光滑；芽并生，中间多为叶芽，两侧为花芽，冬芽上具白色柔毛。叶椭圆状披针形，先端渐尖，叶缘具粗锯齿，叶基部有腺体。花期3—4月份，花单生或两朵生于叶腋，重瓣或半重瓣，色彩鲜艳丰富，花型多，先开花后展叶。常见的品种有红花绿叶碧桃、红花红叶碧桃、白红双色撒金碧桃等多个变种，还有花果兼具等品种类型。

产地与习性 原产于我国，世界各国均已引种栽培。喜光，耐旱，要求土壤肥沃、排水良好。

园林应用 碧桃树姿婀娜，花朵妩媚，是北方园林早春不可缺少的观赏树种，孤植、群植于湖滨、溪流均较适宜。

变型 紫叶碧桃 (f. *atropurpurea* Schneid.)，叶紫色，也叫紫叶桃、红叶碧桃。

满江红

黄金美丽

叶片和果实

树冠冬态

夏季树冠

盛花树

花枝

3. 垂丝海棠

Malus halliana (Voss.) Koehne.

蔷薇科，苹果属。

形态特征 落叶小乔木，树冠广卵形。树皮灰褐色、光滑。枝开张，幼枝褐色，有疏生短柔毛，后变为赤褐色。单叶互生，椭圆形至长椭圆形，先端略为渐尖，基部楔形，边缘有平钝锯齿，表面深绿色而有光泽，背面灰绿色并有短柔毛，叶柄细长，基部有两个披针形托叶。花5~7朵簇生，伞总状花序，未开时红色，开后渐变为粉红色，多为半重瓣，也有单瓣花，4—5月份开放。梨果球状，黄绿色。

产地与习性 原产于我国西南、中南、华东等地，云南、甘肃、陕西、山东、山西、河北、辽宁等地有栽培。喜光，不耐阴，也不甚耐寒，喜温暖湿润环境，适生于阳光充足、背风之处，土壤要求不严，微酸或微碱性土壤均可成长，但以土层深厚、疏松、肥沃、排水良好略带黏质的土壤生长更好。

园林应用 花色艳丽，绰约多姿，妩媚动人，孤植、列植、丛植均可。

盛花树冠

树冠

初花期

盛花末期

枝叶和果实

展叶期

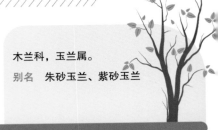

4. 二乔玉兰

Yulania × soulangeana (Soul.-Bod.)

D. L. Fu

木兰科，玉兰属。

别名　朱砂玉兰、紫砂玉兰

形态特征 落叶乔木，为玉兰和木兰的杂交种。小枝紫褐色，幼枝上残存环状托叶痕。花芽窄卵形，密被灰黄绿色长绢毛。单叶互生，宽倒卵形至倒卵形，先端圆宽，平截或微凹，具短突尖，中部以下渐狭楔形，全缘。花枝开展，花大，单生枝顶，钟状，花外面淡紫色，里面白色，花大而芳香，花瓣 6 片，外面呈淡紫红色，内面白色，萼片 3 片，花瓣状，稍短。聚合蓇葖果圆筒状，红色至淡红褐色，果成熟后裂开，种子具鲜红色肉质状假种皮。花期 4 月份，果期 9 月份。

产地与习性 我国华北、华中及江苏、陕西、四川、云南等地均有栽培。喜光，喜温暖湿润的气候。对温度很敏感，能在 −20 ℃条件下安全越冬。

园林应用 二乔木兰是早春色香俱全的观花树种，宜配植于庭院前，或丛植于草地边缘。

树冠

盛花树冠

花枝

花

叶片

开裂的果实

5. 桂花

Osmanthus fragrans (Thunb.) Lour.

木犀科，木犀属。

别名　木犀、岩桂。

盛花

形态特征　常绿乔木或灌木，树皮灰褐色。小枝黄褐色，无毛。叶片革质对生，椭圆形、长椭圆形或椭圆状披针形，先端渐尖，基部渐狭呈楔形或宽楔形，全缘或通常上半部具细锯齿。聚伞花序簇生于叶腋，或近于帚状，每腋内有花多朵，花极芳香，花冠黄白色、淡黄色、黄色或橘红色。果歪斜，椭圆形，呈紫黑色。花期9月份至10月上旬，果期翌年3月份。

产地与习性　原产于我国西南喜马拉雅山东段，印度、尼泊尔、柬埔寨也有分布，现广泛栽种于淮河流域及以南地区。喜温暖湿润，耐高温，也较耐寒，喜光，也能耐阴，切忌积水，对土壤的要求不严，以土层深厚、疏松肥沃、排水良好的微酸性沙质壤土最为适宜。对氯气、二氧化硫、氟化氢等都有一定的抗性，还有较强的吸滞粉尘的能力，常被用于城市及工矿区。

园林应用　桂花树终年常绿，枝繁叶茂，秋季开花，芳香四溢。在园林中常作园景树，可孤植、对植，也可成丛成林栽种。在我国古典园林中，桂花常与建筑物、山石相配合，以丛生灌木型的植株植于亭、台、楼、阁附近。传统配置中自古就有"两桂当庭""双桂留芳"的称谓，也常把玉兰、海棠、牡丹、桂花4种传统名花同植庭前，以取玉、堂、富、贵之谐音，喻吉祥之意。

树冠　　　　花序

叶片

6. 花楸树

Sorbus pohuashanensis (Hance) Hedl.

蔷薇科，花楸属。

别名　楸树，百华花楸。

形态特征　落叶乔木，小枝粗壮，圆柱形，灰褐色，具灰白色细小皮孔，嫩枝具茸毛，逐渐脱落，老时无毛。冬芽长大，长圆卵形，具数枚红褐色鳞片，外面密被灰白色茸毛。奇数羽状复叶互生，小叶片 5～7 对，基部和顶部的小叶片常稍小，卵状披针形或椭圆披针形，先端急尖或短渐尖，基部偏斜圆形，边缘有细锐锯齿，基部或中部以下近于全缘，托叶宿存，宽卵形，有粗锐锯齿。复伞房花序具多数密集花朵，萼筒钟状，花瓣宽卵形或近圆形，白色。果实近球形，红色或橘红色，具宿存闭合萼片。花期 6 月份，果期 9—10 月份。

产地与习性　产于黑龙江、吉林、辽宁、内蒙古、河北、山西、甘肃、山东等地。常生于山坡或山谷杂木林内，海拔 900～2 500 m 处。

园林应用　花叶美丽，入秋红果累累，有观赏价值。果可制酱、酿酒及入药。

春季萌芽枝

枝叶

果序

树冠

7. 鸡蛋花

Plumeria rubra L. cv. 'Acutifolia'

夹竹桃科，鸡蛋花属。

别名　缅栀子、蛋黄花、印度素馨、大季花。

形态特征 落叶小乔木，枝条粗壮，带肉质，具丰富乳汁，绿色，无毛。叶厚纸质，长圆状倒披针形或长椭圆形，顶端短渐尖，基部狭楔形。聚伞花序顶生，总花梗三歧，肉质，绿色；花梗淡红色；花萼裂片小，卵圆形，顶端圆，不张开而压紧花冠筒；花冠外面白色，花冠筒外面及裂片外面左边略带淡红色斑纹，花冠内面黄色，花冠筒圆筒形，花冠裂片阔倒卵形，顶端圆，基部向左覆盖。蓇葖果双生，广歧，圆筒形，向端部渐尖；种子斜长圆形，扁平，顶端具膜质的翅。花期5～10月份，果期7～12月份。

产地与习性 原产于墨西哥，现广植于亚洲热带及亚热带地区。我国广东、广西、云南、福建等地有栽培，在云南南部山区有野生的。

园林应用 花白色黄心，芳香，叶大深绿色，树冠美观，常栽作观赏。广东、广西民间常采其花晒干泡茶饮，有治湿热下痢和解毒、润肺的作用。

早春树冠

春季展叶枝

秋末枝叶

花

园景树

幼树树干

鸡蛋花

学　名：*Plumeria rubra* L. cv. Acutifolia
科　属：夹竹桃科 鸡蛋花属
原产地：美洲墨西哥
生态习性：性喜温暖湿润、阳光充足、通风良好、不耐寒冷
用　途：园林观赏树种、药用

鼓浪屿游览区管理处

8. 梅

Prunus mume Sieb.

蔷薇科，李属。

别名　干枝梅、春梅。

形态特征 落叶乔木，树干褐紫色，小枝多为绿色，叶广卵形或近卵形。花1～2朵，具短梗，淡粉或白色，有芳香，在冬季或早春叶前开花。果卵球形，被柔毛，果肉黏核。花期12月份至翌年3月份，果期4—6月份。

产地与习性 野生于西南山区，栽培的梅树在黄河以南地区可露地越冬，华北以北只见盆栽。喜光，喜温暖而略潮湿的气候，有一定的耐寒力，对土壤要求不严。怕积水，忌在风口栽植。寿命达数百年至上千年。

园林应用 梅为中国传统的果树和名花，树姿古朴，花色素雅，花态秀丽，果实丰盛，可孤植、丛植及群植，或与松、竹配植为"岁寒三友"。

品种 梅花品种很多，按枝条及生长姿态可分为叶梅类、直脚梅类、杏梅类、照水梅类、龙游梅类。按花型花色可分为江梅型、绿萼型、宫粉型、红梅型、照水梅型、玉蝶型、朱砂型、大红型和洒金型等。

梅林

庭院树冠

江梅型花枝　　江梅型花枝

绿萼型花枝

朱砂型花枝

9. 山桃

Prunus davidiana (Carr.) C. de.

Vos ex Henry

蔷薇科，李属。

别名　京桃。

形态特征 落叶小乔木，干皮紫褐色，有光泽，小枝红褐色，无毛。常具横向环纹，老时纸质剥落。单叶互生，叶狭卵状披针形，锯齿细尖，稀有腺体。花淡粉红色或白色，果近球形，肉薄而干燥。花期3—4月份，果期7—8月份。

产地与习性 分布于我国黄河流域、内蒙古及东北南部，西北也有，多生于向阳的石灰岩山地。喜光，耐寒，耐干旱、瘠薄，怕涝，一般土质都能生长，对自然环境适应性很强。播种繁殖。

园林应用 山桃耐寒和抗旱性强，是退耕还林、荒山造林的良好树种，在园林绿化中可作片林观赏。

白山桃

盛花枝

树冠冬态

枝叶

粉山桃盛花树冠

花蕾

10. 山楂

Crataegus pinnatifida Bge.

蔷薇科，山楂属。

别名　山里果、山里红、酸里红。

盛果期树

形 态 特 征 落叶小乔木，树皮灰褐色，浅纵裂。常具短枝。一年生枝黄褐色，无毛。二年生枝灰绿色，枝密生，有细刺，幼枝有柔毛。单叶互生，叶三角状卵形至菱状卵形，羽状裂。伞房花序，白色。核果梨果状，红色，有白色皮孔。花期5—6月份，果期9—10月份。

产 地 与 习 性 产于东北、华北等地。喜光，稍耐阴，耐寒，适应能力强，抗洪涝能力超强，根系发达，萌蘖性强。

园 林 应 用 树冠整齐，花繁叶茂，果实鲜红可爱，是观花、观果和园林结合生产的良好树种，可作庭荫树和园路树。

变 种 大果山楂 (var. *major* N.E.Br.)，又名山里红，果实较大，叶浅裂，作果树栽培。

果实

树冠　花序

枝上刺　树冠冬态

11. 石榴

Punica granatum Linn.

石榴科，石榴属。

别名　安石榴、若榴、丹若、金罂、金庞、涂林、天浆。

盆景

形态特征　落叶灌木或小乔木，树冠丛状自然圆头形，树干呈灰褐色，上有瘤状突起。树根黄褐色。嫩枝有棱，多呈方形，小枝柔韧，不易折断，具小刺，旺树多刺，老树少刺。叶对生或簇生，呈长披针形至长圆形，或椭圆状披针形，表面有光泽。花有单瓣、重瓣之分；花多红色，也有白、黄、粉红、玛瑙等色。浆果，每室内有多数籽粒；外种皮肉质，呈鲜红、淡红或白色，多汁；内种皮为角质，花期5—6月份，果期9—10月份。

产地与习性　原产于伊朗、阿富汗和阿塞拜疆以及格鲁吉亚的海拔300～1 000 m的山上，现我国陕西、安徽、山东、江苏、河南、四川、云南及新疆等地较多，京、津一带在小气候条件好的地方尚可露地栽培。

园林应用　石榴既可观花又可观果，可栽种于高原山地、市镇乡村的房舍前后，还可应用于海滨城市的公园、花园等园林绿地。

树冠

树干

花枝

12. 天女花

Oyama sieboldii (K. Koch) N. H. Xia & C. Y. Wu

木兰科，天女花属。

别名　小花木兰、天女木兰。

形态特征　落叶小乔木，枝细长无毛，小枝及芽有柔毛。单叶互生，叶宽椭圆形或倒卵状长圆形，叶背有白粉；叶柄幼时有丝状毛。花单生，花瓣6片，白色，径7～10 cm；花萼3片，浅粉红色，反卷；花柄细长，长4～8 cm。花期6月份。

产地与习性　产于辽宁、安徽、浙江、江西、福建、广西等地区。喜凉爽湿润气候和肥沃土壤。

园林应用　天女花花柄长，盛开时随风飘荡、芬芳扑鼻，犹如天女散花。

树冠

叶片

开裂的果实

花朵

花蕾

幼果

13. 文冠果
Xanthoceras sorbifolia Bunge

无患子科，文冠果属。

别名　文冠木、文官果、土木瓜、木瓜、温旦。

成熟开裂果

形态特征 落叶小乔木或灌木。奇数羽状复叶互生，小叶 9～19 枚，长椭圆形至披针形，先端尖，基部楔形，缘有锯齿，无柄，多对生。总状花序，多为两性花，分孕花和不孕花，生于枝顶花序的中上部为孕花，多能结实；腋生花序和顶生花序的下部花多为不孕花，不能结实。花白色，基部有斑晕，花瓣 5 片，美丽而具香气。蒴果椭球形，具木质厚壁，瓣裂。

产地与习性 原产于我国北部。喜光，也耐半阴，耐干旱，不耐涝，耐瘠薄，耐盐碱，抗寒能力强，深根性，主根发达，萌蘖力强，生长快。

园林应用 文冠果花大而花朵密，春天白花满树，花期可持续 20 d 左右，且有秀丽光洁的绿叶相衬，更显美观。是难得的观花小乔木，也适于大面积绿化造林。

幼果

果实生长期

盛花初期　　盛花末期

盛花树冠

14. 樱花

Prunus serrulata (Lindl.) G.

Don ex London

蔷薇科，李属。

别名　山樱花、青肤樱。

形态　特征　落叶乔木，树皮灰褐色或灰黑色。小枝灰白色或淡褐色，无毛。单叶互生，叶片卵状椭圆形或倒卵椭圆形，先端渐尖，基部圆形，边有渐尖单锯齿及重锯齿，齿尖有小腺体；叶柄先端有 1～3 个圆形腺体；托叶线形，边有腺齿，早落。花序伞房总状或近伞形，有花 2～3 朵；花瓣白色，稀粉红色，倒卵形，先端下凹。核果球形或卵球形，紫黑色。花期 4—5 月份，果期 6—7 月份。

产地　与　习性　产于我国黑龙江、河北、山东、江苏、浙江、安徽、江西、湖南、贵州等地。生于山谷林中或栽培，海拔 500～1 500 m。日本、朝鲜也有分布。

园林　应用　春天开花时繁花如雪，宜植于山坡、庭院、建筑物前及园路旁。樱花在日本栽培历史悠久，园艺品种众多。主要由本种及其变种与其他种类杂交培育而成。其中变种：日本晚樱，树皮淡灰色。叶倒卵形，缘具长芒状齿；花单或重瓣、下垂，粉红色或近白色，芳香，2～5 朵聚生，花期 4 月份。

秋色叶树冠

幼树树干

叶片

花

花　　　盛花树冠

15. 玉兰

Yulania denudata (Desr.) D. L. Fu

木兰科，玉兰属。

别名　白玉兰、望春花、玉兰花。

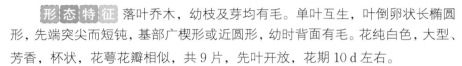

形态特征　落叶乔木，幼枝及芽均有毛。单叶互生，叶倒卵状长椭圆形，先端突尖而短钝，基部广楔形或近圆形，幼时背面有毛。花纯白色，大型、芳香，杯状，花萼花瓣相似，共9片，先叶开放，花期10 d左右。

产地与习性　原产于我国中部山野中，现国内外庭院常见栽培。喜光，稍耐阴，颇耐寒，北京地区背风向阳处能露地越冬，喜肥沃、适当湿润而排水良好的弱酸性土壤。根肉质，畏水淹。生长速度较慢。

园林应用　玉兰花大、洁白而芳香，是我国著名的早春花木，宜列植堂前、点缀中庭。如配植于纪念性建筑物前有"玉洁冰清，品格高贵"之意，也可植于草坪或针叶树前，能形成春光明媚的景象，给人以青春活力。

盛花树冠

花枝

果实

花朵

萌发的花芽

树冠

枝叶

— 129 —

第6部分 观花灌木

　　以观花为主的灌木类树种。其种类繁多，造型多样，能营造出五彩景色，观赏效果显著，在园林绿地中应用广泛，被视为园林景观的重要组成部分。适于庭院、溪流、湖滨、道路两侧和公园布置，经常与乔木配置，或布置于林缘，起到乔木和地面之间的过渡作用，来丰富边缘线。例如：棣棠、榆叶梅、连翘、丁香等。

1. 八仙花

Hydrangea macrophylla (Thunb.) Ser.

虎耳草科，绿球属。

别名　绣球、紫阳花。

形态特征 落叶灌木，茎常于基部发出多数放射枝而形成一圆形灌丛，小枝粗壮，皮孔明显。单叶对生，倒卵形，边缘有粗锯齿。花大型，由许多不孕花组成顶生伞房花序。花色多变，初时白色，渐转蓝色或粉红色。孕性花极少数，萼筒倒圆锥状，萼齿卵状三角形，花瓣长圆形；果实为蒴果。花期6—8月份。

产地与习性 原产于我国和日本。喜温暖、湿润和半阴环境，喜疏松、肥沃和排水良好的沙质壤土。但土壤pH的变化，使八仙花的花色变化较大。为了加深蓝色，可在花蕾形成期施用硫酸铝；为保持粉红色，可在土壤中施用石灰。

园林应用 花洁白丰满，大而美丽，其花色能红能蓝，令人悦目怡神，是常见的盆栽观赏花木。现代公园和风景区都以成片栽植，形成景观。

丛植树冠

盛花初期

盛花初期

盛花中期

盛花末期

叶片

2. 棣棠

Kerria japonica (L.) DC.

蔷薇科，棣棠属。

别名　棣棠花、地棠、黄棣棠、
黄花榆叶梅。

形态特征 落叶灌木，小枝绿色，无毛，有纵棱。单叶互生，叶片卵形至卵状披针形，边缘有锐重锯齿，顶端渐尖，基部圆形或微心形，有托叶。花单生于侧枝顶端，金黄色，瘦果。花期 4—5 月，果期 7—8 月份。

产地与习性 产于我国华北至华南，日本也有分布。喜温暖湿润、半阴之地，比较耐寒，适于肥沃、疏松的沙壤土生长。

园林应用 棣棠枝叶翠绿，金花满树，宜丛植或群植于水畔、坡边、林下和假山之旁，或作花篱、花径等。

枝叶

花

枝条冬态

盛花树冠

树冠冬态

3. 东北连翘

Forsythia mandshurica Uyeki.

木犀科，连翘属。

别名　直生连翘

形态特征 落叶灌木，枝直立或斜上，小枝黄色，有棱，具片状髓。单叶对生，叶片卵形至椭圆形，边缘有不整齐粗据齿，近基部全缘，先端锐尖、短渐尖或短尾状渐尖，基部楔形至圆形。花黄色，1～3朵腋生，先于叶开放，花冠钟状，4深裂，裂片长圆形或披针形，先端微有齿。蒴果卵形，熟时2瓣裂。花期4—5月份，果熟期8月份。

产地与习性 原产于辽宁，东北三省均有栽培。喜光，耐半阴，耐寒，耐干旱、瘠薄，喜湿润肥沃土壤。

园林应用 花黄色，先花后叶，宜植于庭园、公园、路旁及篱下等处，也可作花篱或草坪点缀用。

模纹栽植

枝叶

花期远景

花期近景

花枝

冬季枝芽

4. 圆锥绣球

Hydrangea paniculata Sieb.

虎耳草科，绣球属。

别名　水近木、栎叶绣球。

形态特征　落叶灌木，枝红褐色或灰褐色。单叶对生或子叶轮生，卵形或椭圆形，先端渐尖或急尖，边缘有小锯齿。圆锥状聚伞花序顶生，不育花较多、初白色，孕性花萼筒陀螺状，花瓣白色。蒴果近圆形，种子两端有翅。花期 7—8 月份。

产地与习性　产于我国华东、华中、华南等地。生于山谷山坡成嵝灌丛中。

园林应用　宜于林缘、池畔、庭园角隅及墙边孤植或丛植。

盛花树冠

树冠

枝叶

盛花树冠

花序

花序

5. 风箱果

Physocarpus amurensis Maxim.

蔷薇科，风箱果属。

别名　阿穆尔风箱果、托盘幌。

形 态 特 征　落叶灌木，树皮纵向剥裂，小枝幼时紫红色，老时灰褐色。单叶互生，叶片三角卵形至宽卵形，3～5浅裂，缘有锯齿，先端急尖或渐尖，基部心形或近心形，稀截形。花序伞形总状，花白色。蓇葖果膨大，卵形，熟时沿背腹两缝开裂。花期5—6月份，果期7—8月份。

产 地 与 习 性　产于黑龙江、河北、朝鲜北部及俄罗斯远东地区，常丛生于山沟中，在阔叶林边。性强健，耐寒，喜生于湿润而排水良好的土壤。

园 林 应 用　风箱果树形开展，花序密集，花色朴素淡雅，晚夏初秋果实变红，颇为美观。可植于亭台周围、丛林边缘及假山旁边。金叶和紫叶风箱果叶、花、果均有观赏价值。

品 种　金叶风箱果 (var. *luteus*)，叶片生长期金黄色，落前黄绿色，三角状卵形，缘有锯齿。花白色，顶生伞形总状花序；紫叶风箱果 (var. *summer* Wine)，叶片生长期紫红色，落前暗红色，三角状卵形，缘有锯齿。花白色，顶生伞形总状花序。光照充足时叶片颜色紫红，而弱光或荫蔽环境中则呈暗红色。东北地区能露地越冬。

花序

果序

叶片

树冠

金叶风箱果

紫叶风箱果

6. 红千层

Callistemon rigidus R. Br.

桃金娘科，红千层属。

别名　瓶刷子树、红瓶刷、
金宝树等。

形态特征 常绿灌木或小乔木，树皮坚硬，灰褐色；嫩枝有棱，初时有长丝毛，不久变无毛。单叶互生，叶片坚革质，线形，先端尖锐。穗状花序生于枝顶；花瓣绿色，雄蕊鲜红色，花药暗紫色；花柱比雄蕊稍长，先端绿色，其余红色。蒴果半球形，种子条状。花期6—8月份。

产地与习性 原产于澳大利亚，属热带树种。我国台湾、广东、广西、福建、浙江等地均有栽培。阳性树种，喜温暖、湿润气候，能耐烈日酷暑，不很耐寒，不耐阴，喜肥沃、潮湿的酸性土壤。

花枝

园林应用 花形极为奇特呈穗状，且色泽艳丽，适合庭院美化，为高级庭院美化观花树、行道树、园林树、风景树，还可作防风林、切花或大型盆栽，并可修剪整枝成为高贵盆景。

盛花树冠

盛花花序

7. 花木蓝

Indigofera kirilowii Maxim. ex Palib.

豆科，木蓝属。

别名　吉氏木蓝、花槐蓝、山蓝。

形态特征　落叶小灌木，幼枝灰绿色，有白色丁字形毛，老枝灰褐色无毛，略有棱角。奇数羽状复叶互生，小叶 7～11 枚，对生，小叶阔卵形至椭圆形，先端圆具小尖，基部圆形或宽楔形，小叶两面被白色丁字形毛。两性花，腋生总状花序，花序梗与叶轴近等长，花淡紫红色，荚果圆柱形。花期 6—7 月份，果熟 8—9 月份。

产地与习性　分布于东北、华北等地。常见于山坡灌丛和疏林中。强阳性，喜光，抗寒，耐干燥、瘠薄。

园林应用　枝叶茂密，羽状复叶，初夏开花，花色淡紫红，极为美丽。在园林绿化中，可作地被观赏，也可作为点缀树种穿插于乔木树种之间增添景色。

果实

枝叶

盛花树冠

盛花树冠

花序

8. 黄刺玫

Rosa xanthina Lindl.

蔷薇科，蔷薇属。

别名　黄刺梅、黄刺莓。

枝叶

形 态 特 征　落叶丛生直立灌木，小枝无毛，有散生硬直皮刺，无刺毛。奇数羽状复叶互生，小叶7～13枚，小叶宽卵形或近圆形，稀椭圆形，边缘有圆钝锯齿；托叶条状披针形，大部分贴生于叶柄，离生部分呈耳状，边缘有锯齿和腺毛。花单生于叶腋，花瓣黄色，单瓣或重瓣。蔷薇果近球形或倒卵形，紫褐色或黑褐色，萼片于花后反折。花期4—5月份，果期7—9月份。

产 地 与 习 性　原产于我国东北、华北至西北地区，生于向阳坡或灌木丛中，现各地广为栽培。喜光，耐寒、耐旱、耐瘠薄，少病虫，稍耐阴，不耐水涝。对土壤要求不严，以疏松、肥沃土地为佳。

园 林 应 用　春末夏初开金黄色花朵鲜艳夺目，而且花期较长，为北方园林春景添色不少。适合庭园观赏，花篱、草坪、林缘丛植，也可作基础种植。

果实

重瓣花　单瓣花

盛花树冠

9. 檵木

Loropetalum chinense (R. Br.) Oliver

金缕梅科，檵木属。

别名　白花檵木、继花、枳木、桎木。

造型树冠

花

花

形 态 特 征 灌木或小乔木，小枝有锈色星状毛。单叶互生，叶革质，卵形，全缘，顶端锐尖，基部偏斜而圆，下面密生星状柔毛。苞片线形，花 3~8 朵簇生于小枝端，花瓣白色，线形。花期5 月份，果期 8—9 月份。

产 地 与 习 性 产于长江中下游及其以南、北回归线以北地区，印度北部也有分布。多生于山野及丘陵灌丛中。喜阴，但不排斥阳光，常用作绿化苗木，如篱笆、绿化带。

园 林 应 用 檵木开花繁密如覆雪，特别是其变种红花檵木叶和花均为紫红色，花期长，观赏价值高。可丛植于草地、林缘或与石山相配合，还可用作绿篱、花境、植物造型、地被等。

变 种 红花檵木 (var. *rubrum*)，与原变种的区别为：叶紫红色，花淡紫红色。

整形树冠

模纹应用

10. 金丝桃

Hypericum monogynum L.

藤黄科，金丝桃属。

别名　土连翘、金丝海棠。

形态特征　在南方为半常绿小灌木，在北方为落叶灌木，多分枝，小枝光滑无毛，入冬枝鲜红色。单叶对生，无柄，具透明腺点，长椭圆形，全缘，顶端钝尖，基部渐狭而稍抱茎。花顶生、单生或成聚伞花序，花金黄色。蒴果卵圆形，花柱和萼片宿存。花期6—7月份，果期8月份。

产地与习性　分布于我国中部和南部地区。较耐寒，对土壤要求不严，除黏重土外，在一般的土壤中均能较好地生长。

园林应用　金丝桃花色金黄，雄蕊花丝束状纤细灿若金丝，是很好的园林观赏花木。

盛花树冠

果实

花

林应用

11. 金叶莸

Caryopteris × clandonensis cv.

'Worcester Gold'

马鞭草科，莸属。

形态特征 落叶灌木，枝条圆柱形。单叶对生，楔形，叶面光滑，鹅黄色，先端尖，基部钝圆形，边缘有粗齿。聚伞花序，腋生于枝条上部，自下而上开放；花冠蓝紫色，高脚碟状；花萼钟状，二唇形 5 裂，下裂片大而有细条状裂；花冠、雌蕊、雄蕊均为淡蓝色，花期 7—9 月份。

产地与习性 适合在东北、华北、西北、华中地区栽种。喜光，耐半阴，耐热，耐旱，耐寒，忌积水或土壤高湿。

园林应用 花蓝紫色，淡雅、清香，夏末秋初开花，花期长，是点缀夏、秋景色的好材料。也可植于草坪边缘、路旁、水边、假山旁，是一个良好的彩叶树种。

盛花树冠

花枝

树冠冬态

果序

12. 金银木

Lonicera maackii (Rupr.) Maxim.

忍冬科，忍冬属。

别名 金银忍冬、胯杷果。

形态特征 落叶灌木，小枝中空，单叶对生，叶呈卵状椭圆形至卵状披针形，先端渐尖，叶两面疏生柔毛。花成对腋生，花冠合瓣，2唇形，先为白色，后变黄色，有微香。浆果球形亮红色。花期5—6月份，果熟期9月份，宿存于枝上可达2~3个月。

产地与习性 产于东北，分布很广。喜光也耐阴，耐寒，耐旱，喜湿润、肥沃及深厚的壤土。

园林应用 金银木树势旺盛，枝叶丰满，春末夏初花开金银相映，秋、冬红果缀枝。常孤植或丛植于山坡、林缘、路边、草坪、水边或建筑周围。

果熟期树冠

花枝

盛花树冠

果枝

枝叶

树干

冬芽

树冠

勤学 力行

13. 金钟花

Forsythia viridissima Lindl.

木犀科，连翘属。

别名 细叶连翘、黄金条。

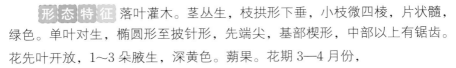

形 态 特 征 落叶灌木。茎丛生，枝拱形下垂，小枝微四棱，片状髓，绿色。单叶对生，椭圆形至披针形，先端尖，基部楔形，中部以上有锯齿。花先叶开放，1~3朵腋生，深黄色。蒴果。花期3—4月份，

产 地 与 习 性 原产于我国中部、西南，北方多有栽培。喜光，喜温暖湿润环境。稍耐阴，较耐寒，耐干旱，较耐湿，对土壤要求不严。

园 林 应 用 金钟花先花后叶，可丛植于墙隅、路边、草坪、树缘等处。

品 种 金钟连翘（*Forsythia* × *intermedia* Zabel）是连翘与金钟花的杂交种，性状介于两者之间。枝拱形，髓片状，叶长椭圆形至卵状披针形，有时3深裂或成3小叶。

模纹盛花

盛花树冠

花蕾

花

叶片

金钟连翘花后树冠

14. 锦带花

Weigela florida (Bunge) A. DC.

忍冬科，锦带花属。

别名　五色海棠、海仙花。

形态特征 落叶灌木，幼枝有柔毛。单叶对生，叶片椭圆形或卵状椭圆形，先端锐尖或渐尖，基部圆形，缘有锯齿。花 1～4 朵组成伞房花序，着生小枝的顶端或叶腋，花冠漏斗状钟形，裂片 5 枚，紫红至淡粉红色、玫瑰红色，里面较淡，萼筒绿色，蒴果柱形，种子细小。花期 5—6 月份，果期 10 月份。

花

盛花树冠

产地与习性 原产于华北、东北及华东北部。喜光，耐阴，耐寒，怕水涝，能耐瘠薄土壤，但以湿润、深厚而腐殖质丰富的土壤生长最佳。

园林应用 锦带花枝叶繁盛，花色鲜艳，花期可达 2 个月之久，适于树丛、林缘作花篱、花丛配植，也可在庭院角隅、湖畔群植。

品种 红王子锦带 (cv. 'Red Prince')，花期 4—5 月份，花深红色，极繁茂；紫叶锦带 (cv. 'Foliia purpureis')，株形低矮紧密，春季叶紫红色，花期 4—5 月份，花深粉红色。

花　　冬芽

盛花树冠　花蕾

盛花树冠　果实

15. 锦鸡儿
Caragana sinica (Buc'hoz) Rehd.

豆科，锦鸡儿属。

别名　娘娘袜。

枝叶

枝上有刺

形态特征 落叶灌木，树皮深褐色，小枝有棱，无毛。托叶三角形，硬化成针刺，叶轴脱落或硬化成针刺。单叶对生，小叶 2 对，羽状，有时假掌状，上部 1 对常较下部的大，厚革质或硬纸质，倒卵形或长圆状倒卵形，先端圆形或微缺，具刺尖或无刺尖，基部楔形或宽楔形。花单生，花萼钟状，基部偏斜；花冠黄色，常带红色，旗瓣狭倒卵形，具短瓣柄，翼瓣稍长于旗瓣，瓣柄与瓣片近等长，耳短小，龙骨瓣宽钝。荚果圆筒状。花期 4—5 月份，果期 7 月份。

产地与习性 产于我国河北、陕西、江苏、江西、浙江、福建、河南、湖北、湖南、广西北部、四川、贵州、云南等地，生于山坡和灌丛。耐干旱，耐寒，耐修剪。

园林应用 可作绿篱、地被等。

树冠

花

花

16. 蜡梅

Chimonanthus praecox (Linn.) Link

蜡梅科，蜡梅属。

别名　金梅、腊梅、蜡花、黄梅花。

形态特征　落叶灌木，幼枝四方形，老枝近圆柱形，灰褐色，无毛或被疏微毛，有皮孔。单叶对生，叶纸质至近革质，卵圆形、椭圆形、宽椭圆形至卵状椭圆形，有时呈长圆状披针形，顶端急尖至渐尖，有时具尾尖，基部急尖至圆形。花着生于第二年生枝条叶腋内，先花后叶，芳香，内部花被片比外部花被片短，基部有爪。果托近木质化，坛状或倒卵状椭圆形，口部收缩，并具有钻状披针形的被毛附生物。花期11月份至翌年3月份，果期4—11月份。

树冠

产地与习性　野生于我国山东、江苏、安徽、浙江、福建、江西、湖南、湖北、河南、陕西、四川、贵州、云南等地，广西、广东等地均有栽培，日本、朝鲜、欧洲、美洲均有引种栽培。喜光，略耐阴，较耐寒，耐旱，对土质要求不严，但以排水良好的轻壤土为宜。

枝叶

园林应用　蜡梅寒冬开花，清香四溢，庭院栽植最为适宜；与南天竹搭配，黄花红果，是插花、盆景的好材料。

花枝

果实

花

17. 连翘

Forsythia suspensa (Thunb.) Vahl.

木犀科，连翘属。

别名 一串金、黄寿丹、黄花杆、黄花条。

形态特征 落叶丛生灌木，枝开展或伸长，稍带蔓性，常着地生根，小枝黄褐色，稍四棱，皮孔明显，髓中空。单叶或3小叶对生，叶卵形、宽卵形或椭圆状卵形，无毛，半革质，端锐尖，基部圆形至宽楔形，缘有粗锯齿。花腋生，先叶开放，花冠黄色，花冠基部管状，裂片4枚。蒴果。花期3—5月份。果期7—8月份。

产地与习性 原产于我国北部、中部及东北各省，庭院、公园、绿地广泛栽培。喜光，有一定的耐阴力，耐寒，耐干旱、瘠薄，怕涝，不择土壤。

园林应用 连翘枝条拱形开展，早春花先叶开放，满枝金黄，艳丽可爱，是北方常见优良的早春观花灌木。宜丛植于草坪、角隅、岩石假山下，或作绿篱。

变种和品种 花叶连翘 (var. *variegata* Butz.)，叶面有黄色斑点，花深黄色；金脉连翘 (cv. 'Goldvein')，别名网叶连翘，整个生长季节叶色嫩绿，叶脉金黄色。

盛花树冠

花

枝叶　　果实

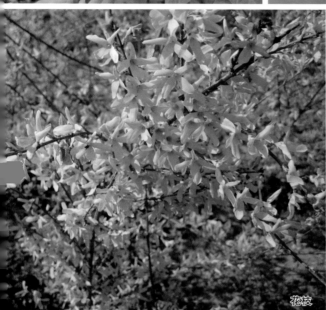

花枝　　枝叶

成叶　　幼叶

18. 麦李

Cerasus glandulosa (Thumb.) Lois.

蔷薇科，李属。

形态特征 落叶灌木，单叶互生，缘有细钝齿，叶卵状长椭圆形至椭圆状披针形，先端急尖而常圆钝，基部广楔形，两面无毛或背面中肋疏生柔毛。花粉红或近白色。核果近球形，红色。花期4月份，先叶开放或与叶同放。

产地与习性 产于我国中部及北部。喜光，耐寒，适应性强。

园林应用 宜于草坪、路边、假山旁及林缘丛栽，也可作基础、盆栽、催花、切花材料。

白花麦李的花

白花麦李的盛花树冠

白花麦李的盛花树冠

树冠

树冠冬态

粉花麦李的花

粉花麦李的盛花树冠

19. 毛刺槐
Robinia hispida L.

豆科，刺槐属。

别名　**毛洋槐、红花槐、江南槐。**

花

叶

形态特征 落叶灌木，茎、小枝、花梗均有红色刺毛。奇数羽状复叶互生，广椭圆形，先端钝而有小尖头。总状花序，具花 3～7 朵，蝶形花冠，粉红或紫红色，开花一般不孕，花期 5 月份。荚果具腺状刺毛。

产地与习性 原产于北美，我国东北南部及华北园林中常有栽培。喜光，耐寒、耐旱能力强，生长快，耐修剪，对烟尘及有毒气体如氟化氢等有较强的抗性，喜温润、肥沃、排水良好的土壤。

园林应用 花大色美，孤植、列植、丛植均佳，也可作基础种植。以刺槐作砧木嫁接繁殖，故具有很强抗盐碱的能力，是盐碱地区园林绿化的好树种。

树冠

树干

20. 毛樱桃

Prunus tomentosa (Thunb.) Wall.

蔷薇科，李属。

别名　山樱桃、樱桃、梅桃、山豆子。

形态特征 落叶灌木，枝条幼时密被茸毛。单叶互生，叶倒卵形、椭圆形或卵形，边缘有锯齿，背面密被茸毛。花先叶开放，花白色或淡粉色，单生或2朵并生。核果圆或长圆形，成熟时鲜红。花期4—5月份，果期6月份。

产地与习性 原产于我国东北、华北、西南等地。适应性极强，喜光，耐阴，耐寒，也耐高温、耐旱、耐瘠薄及轻碱土。

园林应用 毛樱桃花开粉白色，可与迎春、连翘等早春黄色系花灌木配植应用，反映春回大地、欣欣向荣的景象，适宜在草坪、庭院等地丛植。

盛花树冠

果实

盛花枝

枝叶

花蕾期花枝

芽萌动枝

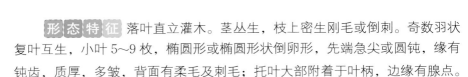

21. 玫瑰
Rosa rugosa Thunb.

蔷薇科，蔷薇属。

别名　刺玫、刺玫果。

形态特征 落叶直立灌木。茎丛生，枝上密生刚毛或倒刺。奇数羽状复叶互生，小叶 5~9 枚，椭圆形或椭圆形状倒卵形，先端急尖或圆钝，缘有钝齿，质厚，多皱，背面有柔毛及刺毛；托叶大部附着于叶柄，边缘有腺点。

花

花单生于叶腋或数朵聚生，花冠紫红色，芳香，有单瓣与重瓣之分；花柱短，聚成头状，或稍伸出花托口外，花梗有茸毛和腺体。花期 5—6 月份，果期 8—9 月份。蔷薇果扁球形，熟时红色，内有多数小瘦果，萼片宿存。

产地与习性 原产于亚洲东部，在我国华北、西北和西南以及日本、朝鲜等地均有分布，在其他许多国家也被广泛种植。喜光，耐旱，耐涝，耐寒冷，对土壤要求不严，在微碱性土上也能生长。

园林应用 玫瑰色艳花香，适应性强，最宜作花篱、花境、花坛及坡地栽植。

叶片

树冠

果实

枝及刺

22. 牡丹

Paeonia suffruticosa Andr.

芍药科，芍药属。

别名 木芍药、洛阳花、富贵花。

形态特征 落叶灌木。根肉质，粗而长，少分枝和须根，中心木质化。老茎灰褐色，当年生枝黄褐色。二回三出羽状复叶互生，小叶阔卵形至卵状长椭圆形，先端3～5裂，基部全缘，叶背有白粉，平滑无毛。花单生枝顶，花径大型，花色有红、黄、白、粉、紫及复色，有单瓣、复瓣、重瓣和台阁性花。花萼有5片。蓇葖果成熟时开裂。花期5月份，果熟期8—9月份。

产地与习性 原产于我国西部及北部。喜温暖而不酷热的气候，较耐寒，喜光，在弱阴下生长最好，喜深厚、肥沃、排水良好、略带湿润的沙质壤土，最忌黏土及积水，较耐碱。

园林应用 牡丹花大美丽，香色俱佳，雍容华贵，富丽端庄，而且品种繁多，常作专类花园及重点美化用，可植于花台、花池观赏，也可盆栽观赏或作切花瓶插。有"国色天香""花中之王"的美誉，被人们当作富贵吉祥、繁荣兴旺的象征。

变种 紫斑牡丹［var. *papaveracea* (Andr.) Kerner］，花瓣内面基部具有深紫色斑块。分布于我国陕西、甘肃和河南西部，大部分品种在黑龙江省均可露地栽培。

盛花树冠

树冠冬态

初花

紫斑牡丹

花

叶片

果实

花

23. 木槿
Hibiscus syriacus Linn.

锦葵科，木槿属。

别名 无穷花、沙漠玫瑰。

形态特征 落叶灌木，小枝密被黄色星状茸毛。叶菱状至三角状卵形，常3裂，边缘有钝齿，先端钝，基部楔形。花单生于枝端叶腋，花萼钟形，花钟形，淡紫色。蒴果卵圆形，种子肾形，背部被黄白色长柔毛。花期7—10月份。

产地与习性 原产于东亚，我国自东北南部至华南各地均有栽培，尤其长江流域栽培较多。喜光，也耐半阴，耐寒，较耐瘠薄，能在黏重或碱性土壤中生长，但不耐积水。萌蘖力强，耐修剪。对二氧化硫、氯气等有害气体具有很强的抗性，同时又有滞尘的功能。

园林应用 木槿夏、秋开花，开花时满树花朵，花期长而花朵大，花色、花形变化很大，是优良的园林观花树种。常作绿篱和基础种植材料，也可丛植于草坪、林缘等处。

行道树

花　花蕾

树冠　休眠枝

24. 山梅花

Philadelphus incanus Koehne

虎耳草科，山梅花属。

别名　白玉山梅花。

形态特征 落叶灌木。树皮褐色，薄片状剥落，枝具白髓。小枝幼时密生柔毛，后渐脱落。单叶对生，基部 3～5 主脉，卵形或卵状长椭圆形，缘具细尖齿，叶背有毛。花白色，5～7 朵成总状花序。花期 5—7 月份。蒴果 4 瓣裂。

产地与习性 原产于我国陕西、广东、河南一带。甘肃南部、四川西部均有自然分布，湖北西部有栽培。喜光，喜温暖也较耐寒，耐旱，怕水湿，不择土壤，生长快。

园林应用 花朵洁白、美丽，花期长，宜丛植、片植于草坪、山坡、林缘地带，若与建筑、山石等配植效果也较好。

品种 金叶山梅花 (cv. 'Aureus')，别名金叶欧洲山梅花，叶片为卵形或狭卵形，叶面金黄色，花乳白色，总状花序顶生。

树冠

花

花

花序　枝叶

叶片　冬芽萌发

片植

25. 天目琼花
Viburnum opulus subsp. *calvescens*
(Rehder) Sugimoto

忍冬科，荚蒾属。

别名 鸡树条荚蒾、佛头花、并头花、鸡树条。

形态特征 落叶灌木，灰色浅纵裂，略带木栓，小枝有明显皮孔。单叶对生，叶宽卵形至卵圆形，通常3裂，缘有不规则锯齿，叶柄下有2~4腺体。聚伞花序，生于侧枝顶端，边缘为白色大型不孕花；中间为两性花，花冠白色。核果近球形，红色。花期5—6月份，果期8—9月份。

产地与习性 我国东北南部、华北至长江流域均有分布。喜光又耐阴，多生于夏凉湿润多雾的灌木丛中，耐寒，对土壤要求不严，微酸性和中性土壤均可生长。

园林应用 天目琼花树态清香，叶绿、花白、果红，是春季观花、秋季观果的优良树种。宜于建筑物四周、草地、林缘、路边、假山旁孤植、丛植或片植。因其耐阴，还可植于建筑物北面。

树冠 树冠

初花期

花蕾期

枝叶

盛花期

26. 小叶丁香

Syringa pubescens subsp. *microphylla*

(Diels)M. C .Chang & X. L .Chen

木犀科，丁香属。

别名　四季丁香、二度梅、野丁香。

形 态 特 征 落叶灌木，幼枝灰褐色，被柔毛。单叶对生，叶卵圆形或椭圆状卵形，全缘。圆锥花序侧生，淡紫红色。花期4月下旬至5月上旬和7月下旬至8月上旬。

产 地 与 习 性 原产于我国东北北部至西南地区。耐寒，耐旱，忌湿热，积涝。喜光，也耐半阴，以疏松通透的中性土壤为宜，忌酸性土。

园 林 应 用 小叶丁香的叶小，枝细花艳，且一年两度开花，可孤植、丛植或成片栽植在草坪、路边、林缘，也可与其他乔木或灌木配植。

修剪成的球形树冠

果序

花序

盛花树冠

27. 迎红杜鹃

Rhododendron mucronulatum Turcz.

杜鹃花科，杜鹃花属。

别名 迎山红、尖叶杜鹃、
蓝荆子。

形态特征 落叶灌木，分枝多，幼枝细长，疏生鳞片。单叶互生，叶片椭圆形或椭圆状披针形，边缘全缘或有细圆齿，疏生鳞片。2～5朵花簇生枝顶，先叶开放，花冠宽漏斗状，淡红紫色。蒴果。花期4—5月份，果期6—7月份。

产地与习性 分布于我国辽宁、内蒙古、河北、山东、江苏北部，朝鲜、日本、蒙古、俄罗斯也有分布，欧洲和韩国普遍栽培。喜光，耐寒，喜排水良好和空气湿润的土壤。

园林应用 开花早，花淡紫色，可与连翘相间配置。

林下片植

开裂的果实

花芽萌发

花

盛花树冠

28. 蔷薇
Rosa multiflora Thunb.

蔷薇科，蔷薇属。

别名　野蔷薇、多花蔷薇。

形态特征 落叶灌木，枝细长蔓生，有皮刺。奇数羽状复叶互生，小叶 5～9 枚，倒卵形至椭圆形，先端急尖或稍钝，基部宽楔形或圆形，边缘具锐锯齿。托叶大部附着于叶柄上，先端裂片成披针形，边缘篦齿状分裂并有腺毛。伞房花序圆锥状，花白色，芳香。蔷薇果球形至卵形，褐红色。花期 5—6 月份。

产地与习性 原产于我国华北、华中、华东、华南及西南地区，品种甚多，宅院亭园多见，朝鲜半岛、日本也有分布。喜光，耐半阴，耐寒，耐瘠薄，忌低洼积水，以肥沃、疏松的微酸性土壤最好。萌蘖性强，耐修剪，抗污染，对有毒气体的抗性强。

园林应用 在园林中宜为花篱以及基础种植，适用于花架、长廊、粉墙、门侧、假山石壁的垂直绿化，也可植于围墙旁，引其攀附。

盛花树冠

叶片

白花花序

粉花花序

小花架

花架应用

29. 榆叶梅
Prunus triloba Lindl.

蔷薇科，李属。

别名 小桃红、额勒伯特 –
其其格。

形态特征 落叶灌木。小枝无毛或幼时有毛。单叶互生，椭圆形至倒卵形，叶先端常 3 裂，边缘具重锯齿，基部阔楔形。花 1～2 朵，先叶开放，粉红色。核果，有沟槽。

产地与习性 北京山区有分布，各公园、绿地广见栽培。喜光，耐寒，耐旱，对轻碱土能适应，不耐水涝。

园林应用 榆叶梅枝叶茂密，花繁色艳，反映春光明媚、花团锦簇的欣欣向荣景象。宜植于公园草地、路边，或庭院中的墙角、池畔等。在园林或庭院中最好以苍松翠柏作背景孤植、丛植或列植为花篱，或与连翘配植，或与柳树间植，或配植于山石处，更显春色油然。

盛花期

开心形树冠

花簇

造型树冠

枝叶

簇生芽萌发

造型树冠

自然丛生树冠

花枝

30. 月季
Rosa chinensis Jacq.

蔷薇科，蔷薇属。

别名　月月红。

形态特征　常绿或半常绿直立灌木，小枝绿色，散生钩状皮刺。奇数羽状复叶互生，小叶3～5枚，叶缘有锯齿，表面光滑，托叶大部附生在叶柄上。花生于枝顶，常数朵簇生，罕单生，花色甚多，品种万千，多为重瓣也有单瓣者。花期4—10月份，春季开花最多，肉质蔷薇果，成熟后呈红黄色，顶部裂开，"种子"为瘦果，栗褐色。

产地与习性　原产于我国湖北、四川、湖南、江苏、广东等地，现各地普遍栽培。对环境适应性强，喜光，耐寒，一般品种可耐 -15 ℃低温，耐旱，对土壤要求不严，但以富含腐殖质而排水良好的微酸土壤最好。月季种类主要有藤本月季、大花香水月季、丰花月季、微型月季、树状月季、壮花月季、灌木月季、地被月季等。

园林应用　月季花色艳丽，花期长，是园林布置的好材料。宜作花坛、花境及基础种植，在草坪、庭院、园路角隅、假山等处配植也很合适，又可作盆栽及切花。

园林应用

枝叶

花

花

盛花树冠

果实

31. 照山白

Rhododendron micranthum Turcz.

杜鹃花科，杜鹃花属。

别名 照白杜鹃。

形态特征 常绿灌木，小枝被褐色鳞片及柔毛。单叶互生，革质，狭卵圆形或椭圆状披针形，边缘有疏浅齿或不明显，上面绿色，下面密生褐色腺鳞，先端尖，基部楔形。花密生成总状花序；花冠钟形白色，5裂。蒴果长圆形，成熟后褐色，外面有鳞片。花期5—6月份，果期7—9月份。

产地与习性 分布于辽宁、河北、山东、河南、四川、湖北、陕西等地。华北、东北平原及西北地区均可栽培，野生于山坡、山沟、石缝。喜阴，耐干旱，耐寒，耐瘠薄，适应性强，喜酸性土壤。

园林应用 枝条较细，且花小色白，可植于庭院、公园供观赏。

盛花树冠

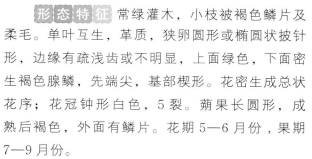

枝叶与花序

花序

枝叶

32. 珍珠梅

Sorbaria kirilowii (Regel) Maxim.

蔷薇科，珍珠梅属。

别名　华北珍珠梅、吉氏珍珠梅。

形态特征 落叶灌木。奇数羽状复叶互生，小叶 13～21 枚，卵状披针形，叶缘具重锯齿。顶生圆锥花序，花小，白色。蓇葖果沿腹线开裂。花期 6—7 月份，果期 9—10 月份。

产地与习性 分布于黄河流域各地，北京山区有少量分布，公园、绿地、庭院有栽培。喜光，耐阴，耐寒，性强健，不择土壤。生长迅速，萌蘖性强，耐修剪。

园林应用 夏季开花，花叶兼美，花期长，是园林中应用较多的花灌木。因其耐阴，可作各类建筑物北侧阴面绿化。

叶片

花序

球形树冠

花后丛状树冠

33. 珍珠绣线菊

Spiraea thunbergii Sieb. ex Blume

蔷薇科，绣线菊属。

别名　喷雪花。

秋季树冠

形态特征 落叶灌木，枝条纤细而开展，呈弧形弯曲，小枝有棱角，幼时密被柔毛，褐色，老时红褐色，无毛。单叶互生，叶线状披针形，先端长渐尖，基部狭楔形，边缘有锐锯齿，羽状脉；叶柄极短或近无柄。伞形花序无总梗或有短梗，每花序有 3～7 花，花白色，花梗细长。蓇葖果。花期 4—5 月份，果期 7 月份。

产地与习性 原产于华东，陕西、辽宁等地有栽培。喜阳光，好温暖，适宜湿润而排水良好的土壤。

园林应用 叶形似柳，花白密集如雪，故又称"雪柳"，叶秋季变红，通常多丛植于草坪角隅或作基础种植，也可作切花。

秋季树冠

枝叶

果实

盛花树冠

花枝

盛花树冠

盛花树冠

34. 朱缨花

Calliandra haematocephala Hassk.

豆科，朱缨花属。

别名 美洲合欢、美蕊花、红合欢、红绒球。

形态特征 落叶灌木或小乔木，枝条扩展，小枝圆柱形，褐色，粗糙。羽状复叶互生，小叶为斜披针形，披针形或歪长卵形，托叶卵状披针形，宿存。头状花序腋生，有花25~40朵；花萼钟状绿色，花冠淡紫红色，顶端具5裂片，裂片反折，无毛；雄蕊突露于花冠之外，上部离生的花丝长约2 cm，深红色。荚果线状倒披针形，暗棕色，成熟时由顶至基部沿缝线开裂，果瓣外反。花期8—9月份，果期10—11月份。

产地与习性 原产于南美，现热带、亚热带地区均有栽培，我国台湾、福建、广东有引种。 阳性植物，需强光。喜温暖、湿润和阳光充足的环境，不耐寒，要求土层深厚且排水良好的土壤。

园林应用 花形雅致，人见人爱，适于大型盆栽或深大花槽栽植、修剪整形。常在庭园、校园、公园单植列植、群植，开花能诱蝶。

园林应用

叶片

树冠

花序

花枝

果实

35. 紫丁香
Syringa oblata Lindl.

木犀科，丁香属。

别名　丁香、华北紫丁香。

形 态 特 征　落叶灌木或小乔木，假二叉分枝，枝条粗壮无毛。单叶对生，叶阔卵形，基部心形或截形，全缘，通常宽度大于长度，端锐尖。圆锥花序，花紫色，芳香。花冠合生，端4裂开展；花药生于花冠中部或中上部，雄蕊不露出花冠。蒴果长圆形，顶端尖，平滑。花期4月份。

花枝

产 地 与 习 性　分布于我国辽宁、吉林、内蒙古、河北、山东、陕西、甘肃、四川等地。喜光，稍耐阴，耐寒性较强，耐干旱，忌低湿，喜湿润、肥沃而排水良好的土壤。对二氧化硫有较强的吸收能力，可净化空气。

园 林 应 用　紫丁香枝叶茂密，花美而香，是我国北方各地园林中应用最普遍的花木之一。广泛栽植于公园、花园、庭园、机关、厂矿、居民区等地，效果极佳，也可作盆栽、促成栽培、切花等。

变 种　白丁香（var. *affinis* Lingdelsh），花白色。

丛生树冠

盛花期花序

果枝　花芽

初花期花序　花序

盛花树冠

36. 紫荆
Cercis chinensis Bge.

豆科，紫荆属。

别名 满条红、苏芳花、紫株、乌桑、箩筐树。

形态特征 落叶丛生灌木。单叶互生，叶近圆形，全缘，两面无毛，顶端急尖，基部心形。花先叶开放，5～9朵簇生于老枝上，紫红色。花萼阔钟状，花瓣5枚，假蝶形花。荚果狭长椭圆形，扁平，不开裂，沿腹缝线处具窄翅。花期4—5月份，果期9—10月份。

产地与习性 原产于我国湖北西部，在云南、四川、广东、陕西、甘肃、河南、河北、辽宁南部等地都有分布。喜光，耐暑热，有一定的耐寒性，喜排水良好、肥沃的土壤，不耐淹。萌蘖性强，耐修剪。

园林应用 树干丛生挺直，早春先花后叶，盛开时花朵成簇，紧贴枝干，花形似蝶，给人以繁花似锦的感觉。适于广场、草坪、庭院、公园、街头游园、道路绿化带等处。

盛花期树冠

叶片　花

生长期树冠　树冠冬态

生长期树冠

37. 紫薇
Lagerstroemia indica L.

千屈菜科，紫薇属。

别名　痒痒树、百日红、满堂红。

形态特征　落叶灌木或小乔木，树冠不整齐，枝干多扭曲，树皮薄片状剥落后特别光滑，树干越老越光滑，用手抚摸，全株微微颤动。幼枝略呈四棱形，稍呈翅状。单叶互生或近对生，椭圆形、倒卵形或长椭圆形，先端尖或钝，基部广楔形或圆形，全缘。圆锥花序顶生，花瓣紫色、红色、粉红色或白色，边缘有不规则缺刻，基部有长爪，花丝较长。蒴果椭圆状球形，6瓣裂。种子有翅。花期6—9月份，果期7—9月份。

产地与习性　产于亚洲南部及澳洲北部。我国华东、华中、华南及西南均有分布，各地栽培普遍。喜光，稍耐阴，耐旱，怕涝，喜温暖气候，耐寒性不强，喜肥沃、湿润且排水良好的石灰质土壤。

园林应用　紫薇树姿优美，树干光滑洁净，花色艳丽，开花时正当夏秋少花季节，花期极长，有"百日红"之称。最适宜种植在庭院及建筑物前，也宜栽在池畔、湖边及草坪上，也可作盆景。

树冠

枝干

花

花序

枝叶

行道树冬态

38. 紫玉兰
Yulania liliiflora (Desrousseaux)
D. L. Fu

木兰科，玉兰属。

别名 辛夷、木笔、木兰。

形 态 特 征 落叶大灌木或小乔木。树皮灰褐色，小枝紫褐色。单叶互生，叶椭圆形或倒卵状椭圆形，全缘，先端渐尖，基部楔形，背面脉上有毛。

树冠

托叶痕在叶柄中部以下。花单生枝顶，萼片 3 片，绿色，披针形，长为花瓣的 1/3，早落。花瓣 6 片，外面紫色，内面近白色。花期 3—4 月份，叶前开花或花叶同放。蓇葖果聚合成球果状。

产 地 与 习 性 原产于我国。喜光，不耐寒，在北京小气候的好处是可露地越冬，喜肥沃、湿润而排水良好的土壤。根肉质，怕积水。

园 林 应 用 花蕾形大如笔头，有"木笔"之称，为我国人民所喜爱的传统庭园花木，宜配植于庭院室前，或丛植于草地边缘。

芽

花

果实

第7部分 基础种植灌木

　　园林中应用的灌木，除了观花灌木之外，还有很多观果、观叶、观枝等灌木；也有生长较缓慢、叶片较小，有较强的萌芽更新能力和较强的耐阴力的绿篱和造型灌木；还有矮小丛木、堰伏性或半蔓性的地被灌木；在建筑物或构筑物的基础周围进行绿化、美化栽植的基础种植灌木。在园林中起到改善环境、分隔空间、围合场地、遮蔽视线、抑制杂草生长、衬托景物、美化环境以及防护作用等。

1. 八角金盘

Fatsia japonica (Thunb.) Decne. et Planch

五加科，八角金盘属。

别名　八金盘、八手、手树、金刚纂。

形态特征　常绿灌木或小乔木，茎光滑无刺。单叶互生，叶片大，革质，近圆形，掌状7～9深裂，裂片长椭圆状卵形，先端短渐尖，基部心形，边缘有疏离粗锯齿。圆锥花序顶生，伞形花序，花瓣黄白色。果近球形，熟时黑色。花期10—11月份，果熟期翌年4月份。

产地与习性　产于日本南部，我国华北、华东及云南庭园有应用。喜温暖湿润的气候，耐阴，不耐干旱，有一定的耐寒力。宜种植在排水良好和湿润的沙质壤土中。

园林应用　八角金盘叶丛四季油光青翠，叶片像一只只绿色的手掌。其性耐阴，在园林中常种植于假山边上或大树旁边，还能作为观叶植物用于室内、厅堂及会场陈设。

盛花树冠

树冠

花序

丛植

2. 大叶黄杨

Euonymus japonicus Thunb.

卫矛科，卫矛属。

别名　冬青卫矛、正木。

枝叶

形态特征　常绿灌木或小乔木，小枝近四棱形。单叶对生，叶片革质，表面有光泽，倒卵形或狭椭圆形，顶端尖或钝，基部楔形，边缘有细锯齿。花腋生，5～12 朵排列成密集的聚伞花序，花绿白色，4 数。蒴果近球形，假种皮橘红色。花期 6—7 月份，果熟期 9—10 月份。

产地与习性　产于我国中部及北部各地，栽培甚普遍。喜光，较耐阴，喜温暖湿润气候，较耐寒，要求肥沃疏松的土壤，耐修剪。

园林应用　大叶黄杨叶色光亮，嫩叶鲜绿，极耐修剪，为庭院中常见的绿化树种，也可盆植观赏。

球形树冠

常见变种 金边大叶黄杨（cv. 'Ovatus Aureus'），叶缘金黄色；金心大叶黄杨（cv. 'Aureus'），叶中脉附近金黄色，有时叶柄及枝端也变为黄色；银边大叶黄杨（cv. 'Albo-marginatus'），叶缘有窄白条边；银斑大叶黄杨（cv. 'Latifolius Albo-marginatus'），叶阔椭圆形，银边甚宽；斑叶大叶黄杨（cv. 'Duc d Anjou'），叶较大，深绿色，有灰色和黄色斑。

枝叶和花序

绿篱应用

3. 笃斯越橘

Vaccinium uliginosum L.

杜鹃花科，越橘属。

别名　蓝莓、笃柿、甸果。

形态特征　落叶灌木，多分枝，小枝无毛或有短毛。叶多数，散生；叶质稍厚，倒卵形、椭圆形至长卵形，顶端圆或稍凹，全缘。花1~3朵生于去年生枝条的顶部叶腋内；花冠宽坛状，下垂，绿白色，4~5浅裂。浆果扁球形或椭圆形，蓝紫色，味酸甜可食。

产地与习性　分布于我国黑龙江、吉林、辽宁、内蒙古、新疆，朝鲜、日本、俄罗斯、北欧、北美也有。生于有苔藓类的水甸子或湿润山坡上。喜光，耐阴，是典型的湿生植物，耐寒，耐贫瘠，耐强酸性土壤。

园林应用　笃斯越橘植株矮小，果实酸甜，味佳，可食用，也可用作地被植物。

枝叶

花

果枝

未成熟果实

果实

果枝

4. 枸骨

Ilex cornuta Lindl. et Paxt.

冬青科，冬青属。

别名 猫儿刺、老虎刺等。

形态特征 常绿灌木或小乔木，幼枝具纵脊及沟，二年生枝褐色，三年生枝灰白色，具纵裂缝及隆起的叶痕，无皮孔。单叶互生，叶片厚革质，四角状长圆形或卵形，先端具 3 枚尖硬刺齿，中央刺齿常反曲，基部圆形或近截形，两侧各具 1～2 刺齿，有时全缘。花序簇生于二年生枝的叶腋内，花淡黄色，果球形，成熟时鲜红色，基部具四角形宿存花萼，顶端宿存柱头盘状，明显 4 裂。花期 4～5 月份，果期 10—12 月份。

产地与习性 产于江苏、上海、安徽、浙江、江西、湖北、湖南等地，现各地庭园常有栽培。生于海拔 150～1 900 m 的山坡、丘陵等的灌丛、疏林、及路边、溪旁和村舍附近。喜光，也能耐阴，耐干旱，不耐盐碱，较耐寒，喜肥沃的酸性土壤。

园林应用 叶形奇特，碧绿光亮，四季常青，入秋后红果满枝，经冬不凋，艳丽可爱，是优良的观叶、观果树种，在欧美国家常用作圣诞节的装饰物，故也称"圣诞树"。

果枝

枝叶

盆景造型树冠

5. 枸杞

Lycium chinense Mill.

茄科，枸杞属。

别名 枸杞菜、红珠仔刺。

树冠冬态

树干

形态特征 多分枝灌木，枝细长，常弯曲下垂，有纵条棱，具针状棘刺。单叶互生或2～4枚簇生，卵形、卵状菱形至卵状披针形，端急尖，基部楔形。花单生或2～4朵簇生叶腋；花萼常3中裂或4～5齿裂；花冠漏斗状，淡紫色，花冠筒稍短于或近等于花冠裂片。浆果红色，卵状。花果期6—11月份。

产地与习性 广布于全国各地。性强健，稍耐阴，喜温暖，较耐寒，对土壤要求不严，耐干旱、耐碱性都很强，忌黏质土及低温条件。

园林应用 枸杞花朵紫色，花期长，入秋红果累累，缀满枝头，状如珊瑚，颇为美丽，是庭园秋季观果灌木。

伞形树冠

花

柱式树冠

果实

6. 红瑞木
Cornus alba Linnaeus

山茱萸科，山茱萸属。

别名 凉子木、红瑞山茱萸。

形态特征 落叶灌木，休眠枝血红色，常被白粉，皮孔明显。单叶对生，卵形至椭圆形。伞房状聚伞花序顶生；花小，黄白色。核果斜卵圆形，花柱宿存，成熟时白色或稍带蓝紫色。花期 6—7 月份，果期 8—10 月份。

产地与习性 分布于我国东北、内蒙古、河北、山东、江苏、陕西等地，生于海拔 600~1 700 m 的杂木林或针阔叶混交林中。极耐寒，耐旱，耐修剪，喜光，喜深厚湿润但肥沃疏松的土壤。

园林应用 红瑞木秋叶鲜红，小果洁白，落叶后枝干红艳如珊瑚，是少有的观茎植物，也是良好的切枝材料。园林中多丛植草坪上或与常绿乔木相间种植，得红绿相映之效果。

枝芽

丛植树冠冬态

花序

果序

枝芽冬态

树冠冬态

枝叶

金叶红瑞木

花叶红瑞木

7. 黄杨

Buxus sinica (Rehd. et Wils.) Cheng

黄杨科，黄杨属。

别名 小叶黄杨。

形态特征 常绿灌木或小乔木，树皮鳞片状剥落，小枝较疏散，具四棱，灰白色。单叶对生，叶革质，倒卵形、倒卵状椭圆形至广卵形，先端圆钝或微凹，基部楔形，仅表面有侧脉。花簇生于叶腋或枝端，黄绿色。蒴果卵圆形，花柱宿存。花期3—4月份，果熟期7月份。

产地与习性 产于河南、陕西、甘肃、江苏、安徽、浙江、江西、广东、广西、湖北、四川、贵州等地。较耐阴，畏强光，较耐寒，较耐碱，抗烟尘，对多种有毒气体抗性强。

园林应用 虽然枝叶较疏散，但青翠可爱，常孤植、丛植栽培于庭院观赏或做绿篱，也可修剪成各种造型布置花坛，同时也是盆栽或制作盆景的好材料。

变种 朝鲜黄杨 (var. *insularis*)，枝条紧密，小枝灰色，叶椭圆形、卵圆形或长椭圆形，革质，全缘，先端微凹，基部楔形，叶柄、叶背中脉密生毛。可耐 −35℃的低温。

模纹

整形树冠

枝叶

枝叶

盛花树冠

果枝

8. 火棘

Pyracantha fortuneana (Maxim.) Li

蔷薇科，火棘属。

别名　救兵粮、火把果。

形态特征　常绿灌木，枝端成刺状。单叶对生，叶片倒卵形或倒卵状矩圆形，先端圆钝或微凹，有时有短尖头，基部楔形，下延，边缘有圆钝锯齿，齿尖向内弯，近基部全缘，两面无毛。复伞房花序，花白色。梨果近圆形，萼片宿存。花期5月份，果熟期9—10月份。

树冠

产地与习性　分布于黄河以南各地，生于海拔500~2 800 m的山地灌丛中或河沟。喜温暖湿润且通风良好、阳光充足，具有较强的耐寒性，耐瘠薄，对土壤要求不严。

园林应用　火棘树形优美，夏有繁花，秋有红果，果实存留枝头甚久，在庭院中作绿篱以及园林造景材料，美化、绿化环境。也可制作盆景。

结果树冠

花序

9. 接骨木

Sambucus williamsii Hance

忍冬科，接骨木属。

别名 公道老、马尿骚、续骨木。

枝叶和花序

形态特征 灌木或小乔木，老枝有皮孔。奇数羽状复叶对生，小叶 5～7 枚，椭圆形至矩圆状披针形，顶端尖至渐尖，基部常不对称，边有锯齿，揉碎后有臭味。圆锥花序顶生，花小，白色至淡黄色。浆果状核果近球形，红色或黑紫色。花期 4—5 月份，果期 7—9 月份。

产地与习性 我国自东北向南分布，至南岭以北，西至甘肃南部、四川和云南东南部。性强健，喜光，耐寒，耐旱。

园林应用 接骨木枝叶繁茂，春季白花满树，夏、秋红果累累，是良好的观赏灌木，宜植于草坪、林缘或水边；对工厂的有害气体有较强的抗性，可用于城市、工厂的防护林。

树冠

果序

花序

枝叶

展叶期丛状树冠

春季花序露出

萌芽期树冠

10. 金山绣线菊

Spiraea × bumalda cv. ' Gold Mound'

蔷薇科，绣线菊属。

形态特征 落叶小灌木，老枝褐色，新枝黄色，枝条呈折线状，不通直，柔软。单叶互生，叶卵状，叶缘有锯齿。花蕾及花均为粉红色，10～35朵聚成复伞形花。花期5月中旬至10月中旬。3月上旬开始萌芽，新叶金黄，老叶黄色，夏季黄绿色。8月中旬开始叶色转金黄，10月中旬后叶色带红晕，12月初开始落叶。色叶期5个月。

产地与习性 本种为栽培种，适宜我国长江以北多数地区栽培。喜光，稍耐阴，极耐寒，耐旱，怕水涝，生长快，耐修剪，易成型。

园林应用 适合作观花色叶地被，植于花坛、花境、草坪、池畔等地，宜与紫叶小檗、桧柏等配置成模纹，可以丛植、孤植、群植作色块或列植作绿篱，也可作花镜和花坛植物。

与花卉组合模纹

枝叶

花序

姊妹品种 金焰绣线菊（*Spiraea*×*bumalda* cv. 'Gold Flame'）

形态特征 新梢顶端幼叶红色，下部叶片黄绿色，叶卵形至卵状椭圆形。伞房花序，小花密集，花粉红色。花期长达 4 个月，6—9 月份，开花 4~6 次，每次 15~20 d。生长季剪截新梢后，过 20~25 d，又在分枝上开花，可利用这一特性，人为调整开花数。

园林应用 叶色的季相变化丰富，新叶橙红色，成叶黄色，冬季红叶，感染力强，可单株修剪成球形，或群植作色块、花镜、花坛，也可作绿篱。

模纹树冠冬态

枝叶 生长状态

11. 铺地柏

Juniperus procumbens(Endlicher)

Siebold ex Miquel

柏科，刺柏属。

别名 爬地柏、矮桧、匍地柏、偃柏。

树叶冬态

枝叶

形态特征 常绿匍匐小灌木，枝干贴近地面伸展，小枝密生。叶均为刺形叶，先端尖锐，3叶交互轮生，表面有2条白色气孔线，下面基部有2白色斑点，叶基下延生长，球果球形，内含种子2～3粒。

产地与习性 原产于日本，在黄河流域至长江流域广泛栽培。喜光，稍耐阴，适生于滨海湿润气候，对土质要求不严，喜石灰质的肥沃土壤，忌低湿地点，耐寒力、萌生力均较强。

园林应用 本种匍地生长，四季常绿，在园林中可配植于岩石园或草坪角隅，又为缓土坡良好的地被植物。匍匐枝悬垂倒挂，古雅别致，也可盆栽观赏。

园林应用

12. 红叶石楠

Photinia × fraseri Dress

蔷薇科，石楠属，是石楠属杂交种的统称。

别名　光焰红、酸叶石楠。

形态特征　常绿灌木或小乔木，株形紧凑。叶互生革质，长椭圆形至倒卵披针形，叶缘有带腺的锯齿，花多而密，顶生复伞，房花序。花白色，梨果黄红色。花期5—7月份，果期9—10月份。

产地与习性　我国华东、中南及西南地区有栽培，在北京、天津、山东、河北、陕西等地均有引种栽培。喜光，稍耐阴，喜温暖湿润气候，耐干旱、瘠薄，不耐水湿，耐寒性强。

园林应用　枝繁叶茂，树冠圆球形，早春嫩叶绛红，初夏白花点点，秋末累累赤实，冬季老叶常绿，园林观赏价值高。其新梢和嫩叶鲜红且持久，艳丽夺目，可作绿篱和整形树。

枝叶

绿篱近景

绿篱应用

13. 水蜡

Ligustrum obtusifolium Sieb.
et Zucc.

木犀科，女贞属。

别名 水蜡树。

形态特征 落叶灌木，幼枝具柔毛。单叶对生，叶椭圆形至长圆状倒卵形，全缘，端尖或钝，背面或中脉具柔毛。圆锥花序顶生、下垂，花白色，芳香，花冠管长于花冠裂片 2～3 倍。核果黑色，椭圆形，稍被蜡状白粉。花期 6 月份，果期 8—9 月份。

产地与习性 原产于我国中南地区，现北方各地广泛栽培。适应性较强，喜光照，稍耐阴，耐寒，对土壤要求不严。

园林应用 耐修剪，多作造型树或绿篱使用，也是制作盆景的好材料。

四面体树冠

扇形树冠

球形树冠

花序

果枝

半球形树冠冬态

球形树冠冬态

14. 小檗

Berberis thunbergii DC.

小檗科，小檗属。

别名 秦岭小檗、日本小檗、狗奶子。

形态特征 落叶小灌木，小枝多红褐色，有沟槽，具短小针刺，刺不分叉。单叶互生，倒卵形或匙形，全缘。腋生伞形花序或 2～12 朵簇生，花两性，萼、瓣各 6 枚，花淡黄色，浆果长椭圆形，熟时亮红色，花柱宿存，种子 1～2 粒。

产地与习性 我国南北均有栽培。喜光也耐阴，耐寒性强，喜温凉湿润的气候环境，对土壤要求不严，较耐干旱瘠薄，忌积水，萌芽力强，耐修剪。

园林应用 小檗是花、果、叶俱佳的观赏花木，适于园林中孤植、丛植或栽作绿篱，果枝可插瓶。

品种 紫叶小檗 (cv. 'Atropurpurea')，叶常年紫红。

花枝

果实（小檗）

枝叶

花枝

果实

模纹冬态

树冠冬态

模纹树冠

15. 小蜡

Ligustrum sinense Lour.

木犀科，女贞属。

别名　山指甲、水黄杨。

花序

果序

形 态 特 征　半常绿灌木，枝条密生短柔毛。单叶对生，叶薄革质，椭圆形至椭圆状矩圆形，顶端锐尖或钝，基部圆形或宽楔形。圆锥花序，花白色，花梗明显，花冠筒比花冠裂片短，雄蕊超出花冠裂片。核果近圆状。花期4—5月份。

产 地 与 习 性　分布于长江以南各地。喜光，稍耐阴，较耐寒，耐修剪。土壤干燥瘠薄地生长发育不良。

园 林 应 用　常植于庭园观赏，丛植林缘、池边、石旁都可；其干老根古，虬曲多姿，宜作树桩盆景；江南常作绿篱应用。

球形树冠

整形树冠

16. 雪柳

Fontanesia phillyreoides subsp.

fortunei (Carriere) Yaltirik

木犀科，雪柳属。

别名　珍珠花、五谷树、挂梁青。

形态特征 落叶灌木或小乔木，树皮灰褐色，枝灰白色，圆柱形，小枝淡黄色或淡绿色，四棱形或具棱角，无毛。叶片纸质，披针形、卵状披针形或狭卵形，先端锐尖至渐尖，基部楔形，全缘。圆锥花序顶生或腋生，花两性或杂性同株，花白色。果黄棕色，边缘具窄翅。花期4—6月份，果期6—10月份。

枝叶

果序

产地与习性 分布于我国中部至东部，尤以江苏、浙江一带最为普遍。性喜光，而稍耐阴，喜温暖，也较耐寒，喜肥沃、排水良好的土壤。

园林应用 雪柳叶子细如柳叶，开花季节白花满枝，宛如白雪，是非常好的蜜源植物。在庭院中孤植观赏，也作防风林树种，也可作绿篱。

盛花状态

绿篱应用

17. 卫矛

Euonymus alatus (Thunb.) Sieb.

卫矛科，卫矛属。

别名　鬼箭羽、六月凌、四面锋。

形态特征 落叶灌木，小枝四棱形，有2~4排木栓质的阔翅。单叶对生，叶片倒卵形至椭圆形，边缘有细尖锯齿。花黄绿色，常3朵集成聚伞花序。蒴果棕紫色，种子褐色，有橘红色的假种皮。花期4—6月份，果熟期9—10月份。

产地与习性 产于我国东北、华北、西北至长江流域各地，日本、朝鲜也有分布。适应性强，耐寒，耐阴，耐修剪，生长较慢。

园林应用 卫矛枝翅奇特，嫩叶及霜叶均紫红色，在阳光充足处秋叶鲜艳可爱，蒴果宿存很久，堪称观赏佳木。

树冠

枝及其上木栓质翅

枝叶

果枝

树冠

18. 越橘

Vaccinium vitis-idaea L.

杜鹃花科，越橘属。

别名　红豆、牙疙瘩、越橘。

形 态 特 征 常绿矮生半灌木，地下茎长，匍匐，地上茎高 10 cm 左右，直立，有白微柔毛。单叶互生，叶革质，椭圆形或倒卵形，顶端圆，常微缺，基部楔形，上部具微波状锯齿。短总状花序，花萼短，钟状，4 裂；花冠钟状，白色或水红色，4 裂。浆果球形，红色。花期 6—7 月份，果期 8—9 月份。

产 地 与 习 性 产于我国新疆、内蒙古、东北等地，常生于亚寒带针叶林下。耐寒。

园 林 应 用 在园林中可作地被或盆栽、盆景材料。叶可供药用，浆果可食。

花

果枝

幼果树冠　　雪下树冠

树冠

19. 紫叶矮樱

Prunus × cistena **N.E.Hansen**

ex koehne

蔷薇科，李属。

形态特征 为落叶灌木或小乔木，是紫叶李和矮樱的杂交种，当年生枝条本质部红色。单叶互生，叶长卵形或卵状长椭圆形，先端渐尖，叶紫红色或深紫红色，叶缘有不整齐的细钝齿。花单生，中等偏小，淡粉红色，花瓣5片，微香，花期4—5月份。

产地与习性 适应性强，在排水良好、肥沃的沙土、沙壤土、轻度黏土上生长良好。喜光，耐寒能力较强，在辽宁、吉林南部，小气候好的建筑物前避风处，冬季可以安全越冬。

园林应用 整个生长季叶片呈紫红色，亮丽别致，树形紧凑，叶片稠密，整株色感表现好，是城市园林绿化优良的彩叶配置树种，也可制成中型和微型盆景。

绿篱树冠

花

新梢

枝条

开心形树冠

丛生树冠

第8部分　园林藤木

　　园林藤木包括各种缠绕性、吸附性、攀缘性、勾搭性等茎枝细长，难以自行直立向上生长的木本植物，在一生中需要借助其他物体生长或匍匐于地面，或攀缘、吸附在其他物体上。有的植物随环境而变，如果有支撑物，它会成为藤本，没有支撑物，它会长成灌木。

　　在垂直绿化中常用的藤木树种，有的用吸盘或卷须攀缘而上，有的垂挂覆地，用长的枝和蔓茎，美丽的枝叶和花朵组成景观。许多藤本植物除观叶外还可以观花，有的藤本植物还散发芳香，有些藤本植物的根、茎、叶、花、果实等还可以提供药材、香料等。利用藤本植物发展垂直绿化，可提高绿化质量，拓展绿化空间，增加城市绿量，提高整体绿化水平，改善和保护环境，创造景观、生态、经济三相宜的园林绿化效果。

1. 金银花

Lonicera japonica Thunb.

忍冬科，忍冬属。

别名　忍冬、金银藤。

形态特征　半常绿藤本，幼枝红褐色，密被黄褐色毛。单叶对生，叶纸质，卵形至矩圆状卵形，顶端尖或渐尖，基部圆或近心形。花成对腋生，苞片叶状；萼筒无毛，花冠二唇形，上唇4裂而直立，下唇反转，花冠筒与裂片等长，初形为白色略带紫晕，后变黄色，芳香。浆果球形，两个离生，熟时蓝黑色。花期4—6月份，果熟期10—11月份。

产地与习性　原产于我国，分布各省。生于山坡灌丛或疏林中、乱石堆、路旁及村庄篱笆边，海拔最高达1 500 m。适应性很强，喜阳，耐阴，耐寒性强，也耐干旱和水湿，对土壤要求不严。

园林应用　金银花植株轻盈，藤蔓缭绕，冬叶微红，花先白后黄，富含清香，是色香俱全的藤本植物，可布置庭园、屋顶花园，制作桩景。

果实

枝叶

花

依建筑而用

花架应用

依山石而用

2. 凌霄
Campsis grandiflora (Thunb.) schum.

紫葳科，凌霄属。

别名　紫葳、倒挂金钟、藤萝花、中国凌霄等。

形态特征　落叶攀缘木质藤本，以气生根攀缘。奇数羽状复叶对生，小叶有粗锯齿。花红色或橙红色，组成顶生花束或短圆锥花序。花萼钟状，近革质，不等的 5 裂。花冠钟状漏斗形，檐部微呈二唇形，裂片 5 枚，大而开展，半圆形。蒴果，种子多数，扁平，有半透明的膜质翅。花期 6—8 月份，果期 9—10 月份。

本属有 2 种，一种是产于北美洲的美国凌霄［*Campsis radicans* (L.) Seem］，小叶 9~11 枚，叶下面被毛，至少沿中脉、侧脉及叶轴被短柔毛；花萼 5 裂至 1/3 处，裂片短，卵状三角形；另一种产于我国和日本的凌霄［*Campsis grandiflora* (Thunb.) Loisel］，小叶 7~9 枚，叶下面无毛，花萼 5 裂至 1/2 处，裂片大，披

叶片

针形。现园林中也常见 2 种杂交的杂种凌霄［*Campsis* × *tagliabuana*］，是 20 世纪初引入美洲凌霄后与中国凌霄的杂交产生的新品种，在花萼、花冠质地、形状和色泽方面均介于二者之间，观赏价值极高。

产地与习性　喜光，稍耐阴，耐寒力较强，耐干旱，也耐水湿，对土壤要求不严，深根性，萌蘖力、萌芽力强。

园林应用　凌霄枝叶繁茂，干枝虬曲多姿，花色鲜艳，花形美丽，可定植在花架、花廊、假山、枯树或墙垣边，任其攀附。在园林中深受人们的喜爱。

花序

幼树树冠

枝干上的气生根

树冠

盆栽树冠

3. 猕猴桃

Actinidia chinensis **Planch.**

猕猴桃科，猕猴桃属。

别名　猕猴梨、藤梨、羊桃。

形态特征　落叶缠绕藤本，小枝幼时密生灰棕色柔毛，老时渐脱落；髓大，白色，片状。叶纸质，圆形、卵圆形或倒卵形，顶端突尖、微凹或平截，缘有刺毛状细齿，表面仅脉上有疏毛，背面密生灰棕色星状茸毛。雌雄异株，单生或数朵生于叶腋，花开时乳白色，后变淡黄色，有香气。浆果卵形成长圆形，密被黄棕色有分枝的长柔毛．花期5—6月份，果熟期8—10月份。

产地与习性　广布于长江流域及其以南各省区，北至陕西、河南等地有分布。喜光，略耐阴，喜温暖气候，也有一定的耐寒能力，喜深厚、肥沃、湿润而排水良好的土壤。

园林应用　本种花大、美丽，又有芳香，是良好的棚架材料，既可观赏又可有经济效益，最适合在自然式公园中配置应用。

花

树干

树冠　枝叶　果实

4. 木香花

Rosa banksiae Ait.

蔷薇科，蔷薇属。

别名 木香、七里香等。

树干（白木

形态特征 半常绿攀缘灌木，树皮浅褐色，薄条状脱落；小枝绿色圆柱形，无毛，有短小皮刺；老枝上的皮刺较大，坚硬，经栽培后有时枝条无刺。奇数羽状复叶互生，小叶 3~5 枚，椭圆状卵形，缘有细锯齿。伞形花序，花白或黄色，单瓣或重瓣，具浓香。花期 4—6 月份。

产地与习性 原产于我国西南部，生溪边、路旁或山坡灌丛中，海拔 500~1 300 m，各地广泛栽培。喜光，较耐寒，畏水湿，忌积水，喜肥沃、排水良好的沙质壤土。萌芽力强，耐修剪。

园林应用 木香花晚春至初夏开放，园林中广泛用于花架、格墙、篱垣和崖壁的垂直绿化。花含芳香油，可供配制香精化妆品用。著名观赏植物，常栽培供攀缘棚架之用。性不耐寒，在华北、东北只能作盆栽，冬季移入室内防冻。

变种 白木香 (var. *normalis*). 花白色，单瓣，味香；果球形至卵球形，红黄色至黑褐色，萼片脱落。产于河南、甘肃、陕西、湖北、四川、云南、贵州。生沟谷中，海拔 500~1 500 m。

变型 黄木香 (f. *lutescens*). 花黄色单瓣，产于四川。

树冠（白木香）

树冠（黄木香）

树干（黄木香）

5. 南蛇藤

Celastrus orbiculatus Thunb.

卫矛科，南蛇藤属。

别名　挂廊鞭、香龙草。

花序

形 态 特 征 落叶藤本，小枝圆，无毛。单叶互生，叶通常阔倒卵形，近圆形或长方椭圆形，先端圆阔，具有小尖头或短渐尖，基部阔楔形到近钝圆形，边缘具锯齿，两面光滑无毛或叶背脉上具稀疏短柔毛。聚伞花序腋生，间有顶生，小花1～3朵。蒴果近球状，橙黄色，种子椭圆状稍扁赤褐色。花期5—6月份，果期7—10月份。

产 地 与 习 性 分布于我国东北、华北、西北、华东、华中、华南、西南，俄罗斯、朝鲜、日本也有分布，多野生于山地、沟谷及临缘灌木丛中。喜阳，耐阴，抗寒耐旱，对土壤要求不严。

园 林 应 用 常作攀缘绿化材料，秋季叶片经霜变红或变黄时，美丽壮观；成熟的累累硕果，竞相开裂，露出鲜红色的假种皮，宛如一颗颗宝石；剪取成熟果枝可瓶插。

树冠冬态

树干

果实

开裂的

6. 爬行卫矛

Euonymus fortunei Hand.-Mazz.
var. *radicans* Rehd.

卫矛科，卫矛属。

别名　小叶扶芳藤。

形态特征 常绿藤本，茎匍匐或攀缘，枝密生小瘤状突起，并能随处生多数细根。单叶互生革质，长卵形至椭圆状倒卵形，缘有钝齿，基部广楔形，表面通常浓绿色，背面脉不明显。聚伞花序分枝端有多数短梗花组成的球状小聚伞，花绿白色。蒴果近球形，种子外被橘红色假种皮。花期6—7月份。果期9—10月份。

产地与习性 分布于我国华北、华东、中南、西南各地。喜温暖湿润，较耐寒，耐阴，不喜阳光直射。

园林应用 爬行卫矛抗性强，且寿命长，繁殖容易，是地面覆盖的优良植物。

枝叶

林下地被

花坛地被

附着在其他树干上生长

7. 爬山虎

Parthenocissus tricuspidata

(Sieb. & Zucc.)Planch.

葡萄科，爬山虎属。

别名　爬墙虎、地锦。

形态特征 落叶木质藤本，树皮有皮孔，髓白色。枝条粗壮，老枝灰褐色，幼枝紫红色；枝具卷须，与叶对生，多分枝，先端具黏性吸盘，吸附他物。叶宽卵形或 3 裂，缘有粗锯齿，基部心形，秋季变为鲜红色。花多为两性，雌雄同株，聚伞花序，花瓣顶端反折。浆果球形，熟时蓝黑色，被白粉。花期 6 月份，果期 9—10 月份。

产地与习性 原产于亚洲东部、喜马拉雅山区及北美洲，我国各地广泛栽培。适应性强，喜阴湿环境，不怕强光，耐寒，耐旱，耐修剪，怕积水，对土壤要求不严，对二氧化硫等有害气体有较强的抗性。

园林应用 能借助吸盘爬上墙壁或山石，枝繁叶茂，层层密布，入秋叶色变红，格外美观，夏季对墙体的降温效果显著，常用作垂直绿化材料。

树冠秋态

墙面应用

树冠秋态　　　　　　　　枝及其上吸盘

果序　　　　　　　　枝叶秋态

8. 葡萄
Vitis vinifera L.

葡萄科，葡萄属。

形 态 特 征 木质藤本。树皮成片状剥落，幼枝有毛或无毛，卷须分枝。单叶互生，叶圆卵形，3裂至中部附近，基部心形，边缘有粗齿。圆锥花序与叶对生，花杂性异株，淡黄绿色，花瓣5片，上部合生呈帽状，早落。浆果椭圆状球形或球形，有白粉。

产 地 与 习 性 原产于亚洲西部，现辽宁中部以南各地均有栽培。喜光，喜干燥及夏季高温的大陆性气候，耐干旱，怕涝，深根性，生长快，结果早，寿命较长。

园 林 应 用 葡萄是很好的园林棚架植物，既可观赏、遮阴，又可结合果实生产。果熟季节，串串圆圆晶莹的紫葡萄掩映在红艳可爱的秋叶之中，甚为迷人。庭院、公园、疗养院及居民区均可栽植，但最好选用栽培管理较粗放的品种。

果实

卷须　冬芽

叶片

棚架栽培

9. 藤本月季

Rosa chinensis Jacq. cv.
'Climbers Group'

蔷薇科，蔷薇属。
别名　藤蔓月季、爬藤月季、爬蔓月季。

形态特征　落叶灌木，呈藤状或蔓状，姿态各异，可塑性强，短茎的品种枝长只有 1 m，长茎的达 5 m，少数品种可达 10 m 以上。其茎上有疏密不同的尖刺，形态有直刺、斜刺、弯刺、钩形刺，依品种而异。花单生、聚生或簇生，花茎从 2.5 cm 至 14 cm 不等，花色有红、粉、黄、白、橙、紫、镶边色、原色、表背双色等，十分丰富，花形有杯状、球状、盘状、高芯等。

产地与习性　原种主产于北半球温带、亚热带，我国为原种分布中心。现代杂交种类广布欧洲、美洲、亚洲、大洋洲，尤以西欧、北美和东亚为多。我国各地多有栽培，以河南南阳最为集中。喜光，耐寒，喜肥，要求土壤排水良好。

园林应用　藤本月季花多色艳，全身开花，花头众多，甚为壮观。园林中多将之攀附于各式通风良好的架、廊之上，可形成花球、花柱、花墙、花海、拱门形、走廊形等景观。

花架应用

花

树冠

花架应用

叶片

盛花期

10. 五叶地锦

Parthenocissus quinquefolia

Planch.

葡萄科，爬山虎属。

别名　五叶爬山虎、美国地锦。

形态特征 落叶木质藤本。老枝灰褐色，幼枝带紫红色，髓白色。卷须与叶对生，顶端吸盘大。掌状复叶，具五小叶，小叶长椭圆形至倒长卵形，先端尖，基部楔形，缘具大齿牙，叶面暗绿色，叶背稍具白粉并有毛。聚伞花序集成圆锥状，浆果球形，蓝黑色，被白粉。花期 6 月份，果期 10 月份。

产地与习性 分布于北美洲和亚洲。喜阴湿环境，耐寒，耐旱，怕涝，耐修剪，对土壤要求不严，气候适应性广泛。

园林应用 蔓茎纵横，密布气根，翠叶遍盖如屏，秋后入冬，叶色变红或黄，十分艳丽，是垂直绿化的主要树种之一。

树冠

新梢和叶片

叶片 　　树冠秋态

树冠冬态 　　芽和卷须

11. 叶子花
Bougainvillea spectabilis Willd.

紫茉莉科，叶子花属。

别名　毛宝巾、九重葛、三角花。

形态特征　藤状灌木，枝、叶密生柔毛，刺腋生、下弯。单叶互生，叶片椭圆形或卵形，基部圆形，有柄。花序腋生或顶生，苞片椭圆状卵形，基部圆形至心形，暗红色或淡紫红色，花被管狭筒形，绿色，密被柔毛，顶端 5～6 裂，裂片开展，黄色。果实密生毛。花期冬、春间。

产地与习性　原产于热带美洲。喜温暖湿润、阳光充足的环境，不耐寒，南方地区可露地栽培越冬，其他地区都需盆栽和温室栽培。土壤以排水良好的沙质壤土最为适宜。

园林应用　在我国南方用作围墙的攀缘花卉栽培。北方盆栽，置于门廊、庭院和厅堂入口处，十分醒目。

盛花树冠

附着在其他

花

篱边应用

造型树

盆景树

12. 紫藤
Wisteria sinensis (Sims) DC.

豆科，紫藤属。

别名　藤萝、朱藤。

盛花树冠

形态特征　落叶攀缘缠绕性大藤本，干皮深灰色，不裂。奇数羽状复叶互生，小叶对生，小叶7～13枚，卵状椭圆形，先端长渐尖或突尖。侧生总状花序，呈下垂状，花紫色或深紫色。荚果扁圆条形，密被黄色茸毛，种子扁球形、黑色。花期4—5月份，果熟8—9月份。

产地与习性　原产于我国，朝鲜、日本也有分布。华北地区多有分布。喜光，较耐阴，适应性强，较耐寒，耐水湿及瘠薄土壤。主根深，不耐移栽。生长较快，寿命很长。

园林应用　春季紫花烂漫，别有情趣，适栽于湖畔、池边、假山、石坊等处，具独特风格，盆景也常用，是优良的观花藤本植物。

长廊应用

花序

叶片

果实

树干

花架应用

参考文献

［1］陈有民．园林树木学．北京：中国林业出版社，2006．

［2］陈植．观赏树木学．北京：中国林业出版社，1984．

［3］龚维红，赖九江．园林树木栽培与养护．北京：中国电力出版社，2009．

［4］何国生．园林树木学．北京：机械工业出版社，2008．

［5］刘宏涛．园林花木繁育技术．沈阳：辽宁科学技术出版社，2005．

［6］施振周，刘祖祺．园林花木栽培新技术．北京：中国农业出版社，1999．

［7］宋小兵．园林树木养护问答240例．北京：中国林业出版社，2002．

［8］苏雪痕．植物造景．北京：中国林业出版社，1998．

［9］田伟政．园林树木栽培技术．北京：化学工业出版社，2009．

［10］王庆菊．园林树木原色图鉴．北京：化学工业出版社，2016．

［11］王庆菊，张咏新．园林树木．北京：化学工业出版社，2018．

［12］王生义．园林树木的冬态识别．科技情报开发与经济，2007，17(1)．

［13］王永．园林树木．北京：中国电力出版社，2009．

［14］张天麟．园林树木1 600种．北京：中国建筑工业出版社，2010．

［15］百度百科 https://baike.baidu.co/．

［16］中国植物志电子版 http://www.iplant.cn/frps/．

［17］iPlant 植物智——植物物种信息系统 http://www.iplant.cn/．